高等院校化学实验教学改革规划教材

江苏省高等学校精品教材

分析化学实验

第三版·立体化教材

总主编　孙尔康　张剑荣

主　编　马全红　吴莹

副主编　田澍　徐建强　张莉莉　张红梅
　　　　刘苏莉

编　委　（按姓氏笔画排序）

王　玲　龙玉梅　祁争健　吴　敏

严吉林　杨　慧　邱凤仙　周少红

周亚红　周秋华　郑　天　胡耀娟

曹永林

特配电子资源

微信扫码
· 视频学习
· 延伸阅读
· 互动交流

南京大学出版社

高等院校化学实验教学改革规划教材

编委会

总 主 编 孙尔康(南京大学)　　　　张剑荣(南京大学)

副总主编　(按姓氏笔画排序)

朱秀林(苏州大学)　　　　陈晓君(南京工业大学)

孙岳明(东南大学)　　　　董延茂(苏州科技大学)

何建平(南京航空航天大学)　金叶玲(淮阴工学院)

周亚红(江苏警官学院)　　　柳闽生(南京晓庄学院)

倪　良(江苏大学)　　　　徐继明(淮阴师范学院)

徐建强(南京信息工程大学)　袁荣鑫(常熟理工学院)

曹　健(盐城师范学院)

编　　委　(按姓氏笔画排序)

马全红	卞国庆	王　玲	王松君
王秀玲	王香善	白同春	史达清
汤莉莉	庄　虹	朱卫华	李巧云
李健秀	何娉婷	陈国松	陈昌云
沈　彬	杨冬亚	邱凤仙	张强华
张文莉	吴　莹	郎建平	周建峰
周少红	赵登山	赵宜江	陶建清
郭玲香	钱运华	唐亚文	黄志斌
彭秉成	程振平	程晓春	路建美
鲜　华	薛蒙伟		

第三版序

　　化学是一门实验性很强的科学,在高等学校化学专业和应用化学专业的教学中,实验教学占有十分重要的地位。就学时而言,教育部化学专业指导委员会提出的参考学时数为每门实验课的学时与相对应的理论课学时之比,即为(1.1~1.2):1,并要求化学实验课独立设课。已故著名化学教育家戴安邦教授生前曾指出:"全面的化学教育要求化学教学不仅传授化学知识和技术,更训练科学方法和思维,还培养科学品德和精神。"化学实验室是实施全面化学教育最有效的场所,因为化学实验教学不仅可以培养学生的动手能力,而且也是培养学生严谨的科学态度、严密科学的逻辑思维方法和实事求是的优良品德的最有效形式;同时也是培养学生创新意识、创新精神和创新能力的重要环节。

　　为推动高等学校加强学生实践能力和创新能力的培养,加快实验教学改革和实验室建设,促进优质资源整合和共享,提升办学水平和教育质量,教育部已于2005年在高等学校实验教学中心建设的基础上启动建设一批国家实验教学示范中心。通过建设实验教学示范中心,达到的建设目标是:树立以学生为本,知识、能力、素质全面协调发展的教育理念和以能力培养为核心的实验教学观念,建立有利于培养学生实践能力和创新能力的实验教学体系,建设满足现代实验教学需要的高素质实验教学队伍,建设仪器设备先进、资源共享、开放服务的实验教学环境,建立现代化的高效运行的管理机制,全面提高实验教学水平。为全国高等学校实验教学改革提供示范经验,带动高等学校实验室的建设和发展。

　　在国家级实验教学示范中心建设的带动下,江苏省于2006年成立了"江苏省高等院校化学实验教学示范中心主任联席会",成员单位达三十多个高校,并在2006~2008年三年时间内,召开了三次示范中心建设研讨会。通过这三次会议的交流,大家一致认为要提高江苏省高校的实验教学质量,关键之一是要有一个符合江苏省高校特点的实验教学体系以及与之相适应的一套先进的教材。在南京大学出版社的大力支持下,在第三次江苏省高等院校化学实验教学示范中心主任联席会上,经过充分酝酿和协商,决定由南京大学牵头,成立江苏省高等院校化学实验教学改革系列教材编委会,组织东南大学、南京航空航天大学、苏州大学、南京工业大学、江苏大学、南京信息工程大学、南京师范大学、盐城师范学院、淮阴师范学院、淮阴工学院、苏州科技大学、常熟理工学院、江苏警官学院、南京晓庄学院、南京大学金陵学院等十五所高校实验教学的一线教师,编写《无机化学实验》《有机化学实验》《物理化学实验》《分析化学实验》《仪器分析实验》《无机及分析化学实验》《普通化学实验》《化工原理实验》《大学化学实验》《高分子化学与物理实验》《化学化工实验室安全教程》和至少跨两门二级学科(或一级学科)实验内容或实验方法的《综合化学实验》系列教材。

该套教材在教学体系和各门课程内容结构上按照"基础—综合—研究"三层次进行建设。体现出夯实基础、加强综合、引入研究和经典实验与学科前沿实验内容相结合、常规实验技术与现代实验技术相结合等编写特点。在实验内容选择上,尽量反映贴近生活、贴近社会,与健康、环境密切相关,能够激发学生学习兴趣,并且具有恰当的难易梯度供选取;在实验内容的安排上符合本科生的认知规律,由浅入深、由简单到综合,每门实验教材均有本门实验内容或实验方法的小综合,并且在实验的最后增加了该实验的背景知识讨论和相关延展实验,让学有余力的学生可以充分发挥其潜力和兴趣,在课后进行学习或研究;在教学方法上,希望以启发式、互动式为主,实现以学生为主体,教师为主导的转变,加强学生的个性化培养;在实验设计上,力争做到使用无毒或少毒的药品或试剂,体现绿色化学的教学理念。这套化学实验系列教材充分体现了各参编学校近年来化学实验改革的成果,同时也是江苏省省级化学示范中心创建的成果。

本套化学实验系列教材的编写和出版是我们工作的一项尝试,省内外相关院校使用后,深受广大师生的好评,并于2011年被评为"江苏省高等学校精品教材"。

本套系列教材的出版至今已近十年,随着科学技术日新月异地发展,实验教学改革也随之不断地深入,尽管高等学校实验的基本内容变化不大,但某些实验内容、实验方法和实验技术有了新的变化。本套教材的再版也就是为了适应新形势下的教学需要,在第二版的基础上删除了部分繁琐、陈旧的实验,增加了部分新的实验内容,并尽可能引入新的实验方法和实验技术。在第三版教材的编写过程中,难免会出现一些疏漏或者错误,敬请读者和专家提出批评意见,以便我们今后修改和订正。

编委会

第三版前言

根据教育部"高等教育面向21世纪教学内容和课程体系改革计划"的精神，根据江苏省化学实验教学示范中心建设要求，结合化学学科的发展以及化学教育的需要，我们编写了这本《分析化学实验》教材。

《分析化学实验》作为丛书之一，丛书总主编孙尔康教授、张剑荣教授对此给予了高度的关注，在教材编委的组织、教材编写指导思想和新旧教材的传承等方面做了精心的布置。实验教学是化学教学的重要组成部分，是实施全面素质教育有效的教学形式，能使学生更好地理解和掌握理论教学内容，可以培养学生严谨求实、认真细致、有条不紊、大胆创新的科学作风。本教材是理工科分析化学实验课程改革教材，是根据理工科分析化学实验教学基本要求，考虑当前学生的基础及专业设置、仪器设备等情况，在参编院校多年分析化学实验改革和研究取得的成果基础上，借鉴国内外高校在分析化学实验改革方面的经验，吸收现代分析化学最新研究成果，精心编写而成。

本教材是由分析化学实验基础知识、定量分析基本操作、仪器及实验、综合实验、外文实验、附录等5个部分组成，共包含51个实验。每个实验的编写由实验目的、实验原理、实验仪器和试剂、实验内容、实验数据记录及处理、思考题等内容组成，具有以下特点：

1. 本教材适应理工科分析化学教学改革方向，力求反映理工科分析化学实验改革成果。

2. 实验内容涉及分析化学基本操作、各类化学反应、相关分析化学仪器的使用等，将分析化学的基础理论、基本知识和实验技能有机结合。实验内容的选择，力图做到既加强基础，又尽量联系理工科院校的特点，增加一些反映现代化学的新进展、新技术以及与材料、医药、农药、环保等密切相关的实验内容，实现基础与前沿、经典与现代有机结合，以实验特有的实践性和创造性激发学生的创新能力，培养学生从事科学研究的能力和综合实践能力。

3. 实验的安排以加强实验技能的综合训练和素质能力培养为主线，将实验内容分为三个层次，三个层次的实验由浅入深，由简到繁，由单元技能训练到组合技能训练，最后跨入设计性和综合性实验，循序渐进，逐步提高，让学生逐步建立应用意识，掌握必备的化学实验技能和方法，确立正确的量的概念，具有良好的实验素养和严谨的科学态度，使学生初步具备获取知识的能力和开拓创新的能力。

4. 本教材在编写时从不同层次的实验教学要求出发,在每一类型实验中都编写了一组平行实验,以供挑选,所以本教材也可供其他理工科院校选用。全教材所用各种量纲均采用国家法定计量单位。

本书第一版自 2009 年 6 月出版以来,深受广大读者的欢迎,2011 年被评为"江苏省高等院校精品教材"。第三版在保持第二版体系和特点的基础上,对部分内容进行了修订与优化,并新增了 2 个实验,此外,本次改版正文嵌入二维码电子资源,内容为相应知识点视频与延伸阅读,这样有助于提高学生的学习自主性与效果。参与本书改版的有东南大学马全红、周少红、吴敏、祁争健,苏州大学吴莹、严吉林、龙玉梅,南通大学田澍,南京信息工程大学徐建强,淮阴师范学院张莉莉,盐城师范学院张红梅、周秋华,南京晓庄学院刘苏莉、杨慧、胡耀娟,江苏大学邱凤仙、曹永林,江苏警官学院周亚红、郑天,南京航空航天大学王玲等。

本教材由南京大学戚苓老师主审,并提出了宝贵意见,在此表示感谢! 全书由马全红整理定稿。

由于我们水平有限,书中疏漏和不妥之处在所难免,敬请有关专家和广大师生批评指正。

编　者
2019 年 12 月

目　　录

第一章　分析化学实验基础知识…………………………………………………… 1

§1.1　分析化学实验的目的、要求和成绩评定………………………………… 1
1.1.1　实验目的 …………………………………………………………… 1
1.1.2　实验要求 …………………………………………………………… 1
1.1.3　成绩评定 …………………………………………………………… 2
§1.2　分析化学实验室的规则、安全及"三废"处理…………………………… 2
1.2.1　实验室规则 ………………………………………………………… 2
1.2.2　安全知识 …………………………………………………………… 3
1.2.3　"三废"处理 ……………………………………………………… 3
§1.3　分析化学实验室用水 ……………………………………………………… 6
1.3.1　实验用水规格 ……………………………………………………… 6
1.3.2　纯水的制备与使用 ………………………………………………… 6
1.3.3　水纯度检验 ………………………………………………………… 7
§1.4　化学试剂的一般知识 ……………………………………………………… 7
1.4.1　试剂的级别 ………………………………………………………… 7
1.4.2　试剂的存放 ………………………………………………………… 8
1.4.3　试剂的取用 ………………………………………………………… 9
§1.5　常用玻璃仪器的洗涤和干燥 ……………………………………………… 9
1.5.1　仪器的洗涤 ………………………………………………………… 9
1.5.2　常用洗涤液 ………………………………………………………… 10
1.5.3　仪器的干燥 ………………………………………………………… 11
§1.6　实验数据的采集和整理 …………………………………………………… 11
1.6.1　误差 ………………………………………………………………… 11
1.6.2　测定数据的取舍 …………………………………………………… 13
1.6.3　有效数字及其运算规则 …………………………………………… 13
1.6.4　实验数据的采集处理 ……………………………………………… 15
1.6.5　实验报告的基本格式 ……………………………………………… 16

第二章　定量分析基本操作、仪器及实验……………………………………… 18

§2.1　定量分析的一般步骤 ……………………………………………………… 18
2.1.1　试样的采取和制备 ………………………………………………… 18
2.1.2　试样的分解 ………………………………………………………… 18

2.1.3　分离和富集 ……………………………………………………… 18

2.1.4　分析测定方法的选择 …………………………………………… 18

2.1.5　分析结果的计算和评价 ………………………………………… 19

§2.2　分析天平 ………………………………………………………………… 19

2.2.1　分析天平的称量原理 …………………………………………… 19

2.2.2　电子天平 ………………………………………………………… 20

2.2.3　试样的称量方法 ………………………………………………… 22

实验1　分析天平的称量练习 ……………………………………………… 23

§2.3　滴定分析 ………………………………………………………………… 25

2.3.1　移液管、吸量管及其使用方法 ………………………………… 25

2.3.2　容量瓶及其使用方法 …………………………………………… 26

2.3.3　滴定管及其使用方法 …………………………………………… 27

2.3.4　容量器皿的校准 ………………………………………………… 29

实验2　容量器皿的校准 …………………………………………………… 31

2.3.5　酸碱滴定实验 …………………………………………………… 33

实验3　滴定分析基本操作练习 …………………………………………… 35

实验4　盐酸溶液的配制与标定 …………………………………………… 37

实验5　氢氧化钠溶液的配制与标定 ……………………………………… 39

实验6　有机酸含量的测定 ………………………………………………… 40

实验7　铵盐中氮含量的测定（甲醛法） ………………………………… 41

实验8　工业纯碱总碱度测定 ……………………………………………… 43

实验9　混合碱的分析（双指示剂法） …………………………………… 44

实验10　磷酸的电位滴定 …………………………………………………… 46

实验11　酸碱滴定法自拟实验 ……………………………………………… 50

2.3.6　配位滴定实验 …………………………………………………… 51

实验12　EDTA溶液的配制和标定 ………………………………………… 51

实验13　天然水硬度测定 …………………………………………………… 53

实验14　铅铋混合液中 Bi^{3+}、Pb^{2+} 的连续测定 ……………………… 54

实验15　配位滴定法自拟实验 ……………………………………………… 56

2.3.7　沉淀滴定实验 …………………………………………………… 57

实验16　硝酸银溶液的配制和标定 ………………………………………… 57

实验17　氯化物中氯含量的测定 …………………………………………… 58

实验18　沉淀滴定法自拟实验 ……………………………………………… 61

2.3.8　氧化还原滴定实验 ……………………………………………… 62

实验19　高锰酸钾溶液的配制与标定 ……………………………………… 62

实验20　过氧化氢含量的测定 ……………………………………………… 64

实验21　硫酸亚铁铵中铁含量测定（重铬酸钾法） ……………………… 65

实验22　硫代硫酸钠溶液的配制和标定 …………………………………… 66

实验23　硫酸铜中铜含量测定（间接碘量法） …………………………… 69

实验24　氧化还原滴定法自拟实验 ·· 70

§2.4　重量分析法 ·· 71

　　2.4.1　滤纸和滤器 ··· 72

　　2.4.2　沉淀的生成 ··· 74

　　2.4.3　沉淀的过滤和洗涤 ·· 74

　　2.4.4　沉淀的烘干与灼烧 ·· 76

　　2.4.5　马弗炉 ··· 77

实验25　$BaCl_2 \cdot 2H_2O$ 中钡含量的测定(硫酸钡重量法) ··············· 77

实验26　氯化钡中结晶水的测定(挥发法) ····································· 79

实验27　重量分析法自拟实验 ·· 81

§2.5　吸光光度法 ·· 82

　　2.5.1　吸光光度法基本原理 ··· 82

　　2.5.2　吸光光度法的方法和仪器简介 ·· 84

　　2.5.3　可见分光光度计 ··· 85

实验28　可见分光光度计的校准 ··· 88

实验29　分光光度法测定铁含量 ··· 90

实验30　邻二氮菲合铁(Ⅱ)配合物组成的测定 ································ 92

实验31　分光光度法测定铬、锰的含量 ·· 94

实验32　分光光度法自拟实验 ·· 96

第三章　综合实验 ··· 97

实验33　洗衣粉中聚磷酸盐含量的测定 ·· 97

实验34　胃舒平药片中铝和镁的测定 ·· 100

实验35　铝合金中铝含量的测定 ··· 101

实验36　石灰石中氧化钙的测定 ··· 103

实验37　重铬酸钾法测定铁矿石中铁含量 ······································ 105

实验38　城市污水中硫酸盐的测定 ··· 109

实验39　配合物的离子交换树脂分离及测定 ··································· 113

实验40　亚甲基蓝分光光度法测定废水中硫化物 ···························· 116

实验41　农药草甘膦含量的测定 ··· 119

实验42　光亮镀镍溶液中主要成分的分析 ······································ 121

实验43　水泥熟料中 SiO_2、Fe_2O_3、Al_2O_3、CaO、MgO 含量测定 ········ 124

实验44　测定食用小苏打的百分含量和食用白醋的浓度 ··················· 127

第四章　外文实验 ··· 131

Experiment 1　Acid-Base Titration ·· 131

Experiment 2　Direct Titration of Tris with HCl ·························· 133

Experiment 3　EDTA Titration of Ca^{2+} and Mg^{2+} in Natural Waters ······ 135

Experiment 4　Iodimetric Titration of Vitamin C ························ 137

　　Experiment 5　A Redox Titration Lab ················· 139
　　Experiment 6　Gravimetric Determination of Iron as Fe_2O_3 ········· 140
　　Experiment 7　Determination of Quinine and Sodium Benzoate in Tonic Water
　　　　　　　　　by UV Absorbance Spectroscopy ········· 142

附　录 ··· 144
　　附表 1　定量分析实验仪器清单 ······················· 144
　　附表 2　市售酸碱试剂的含量和密度 ··················· 145
　　附表 3　弱酸在水中的解离常数(25℃) ················· 145
　　附表 4　弱碱在水中的解离常数(25℃) ················· 147
　　附表 5　配合物的稳定常数(18～25℃) ················· 147
　　附表 6　氨羧配位剂类配合物的稳定常数(18～25℃　I＝0.1) ··· 151
　　附表 7　标准电极电位表(18～25℃) ··················· 152
　　附表 8　几种常用的酸碱指示剂 ······················· 154
　　附表 9　常用酸碱混合指示剂 ························· 155
　　附表 10　金属离子指示剂 ··························· 155
　　附表 11　氧化还原指示剂 ··························· 156
　　附表 12　常用缓冲溶液的配制 ······················· 157
　　附表 13　Q 检验法 ······························· 158
　　附表 14　化合物的相对分子质量 ····················· 158
　　附表 15　相对原子质量(1981 年国际原子量) ··········· 161
　　附表 16　本书中所使用的量和单位 ··················· 162

参考文献 ··· 163

二维码资源一览表

序号	资源名称	类型	页码	二维码
1	基础化学实验配套资源	PPT、视频	扉页	
2	实验室安全知识课程	慕课	3	
3	试剂的分级与保存	视频	7	
4	仪器的洗涤及干燥	视频	9	
5	有效数字及运算规则	视频	13	
6	Excel 在数据处理中的应用	视频、论文	15	
7	实验报告（样例）	PDF	16	
8	电子天平的使用	视频	21	
9	称量方法	视频	22	

（续表）

序号	资源名称	类型	页码	二维码
10	常用容量仪器及基本操作	视频	25	
11	滴定分析操作	视频	35	
12	盐酸浓度的标定	视频	38	
13	NaOH 溶液的配制与标定	视频	40	
14	EDTA 溶液的配制与标定	视频	52	
15	水总硬度的测定	视频	54	
16	$KMnO_4$ 溶液的配制和标定	视频	63	
17	$Na_2S_2O_3$ 溶液的标定	视频	67	
18	分光光度法测铁含量	视频	90	

第一章 分析化学实验基础知识

§1.1 分析化学实验的目的、要求和成绩评定

分析化学是研究物质的化学组成、含量、分析方法及有关理论的一门学科,它主要分为定性分析和定量分析两个部分。定性分析的任务主要是鉴定物质由哪些元素或离子所组成,对有机化合物还要判断分子中有哪些特征官能团及排列情况即结构分析等;定量分析的任务是确定组成物质的各个组分的含量。

分析化学是一门实践性很强的学科。实验教学是分析化学教学的重要环节。本教材主要介绍化学定量分析部分的内容。

1.1.1 实验目的

分析化学实验是化学及其他相关专业的重要基础课程之一,其中,基础实验部分加深了学生对分析化学基础知识的理解;综合性实验部分引导学生形成科学的思维方式和正确的思考方法,培养学生综合运用知识的能力;设计性实验部分培养学生的科学精神、创新思维能力及独立工作能力。

学生学习分析化学实验课应达到下述目的:

(1) 加深对分析化学基础理论的理解。

(2) 熟练掌握分析化学实验的基本操作和基本技能,提高观察、分析、解决问题的能力。

(3) 能够正确使用分析化学实验中涉及的各种仪器,能够正确地测定、记录、处理和概括实验数据,能够对实验数据进行正确的分析并报告实验结果。

(4) 树立严格准确的"量"的概念,养成良好的实验习惯,确立严谨的科学态度和实事求是的工作作风。

(5) 能够应用所学知识独立设计新的实验方案,培养创新精神和独立工作能力。

1.1.2 实验要求

要做好分析化学实验,应做到以下几点:

(1) 实验前认真预习,明确本实验的目的和要求,仔细阅读实验教材及其他参考资料中的有关内容,理解实验的基本原理,了解实验步骤和注意事项,做到心中有数。并根据实验内容,写好预习报告,设计数据记录表格,查阅相关数据,以便能够及时准确地记录实验现象和有关数据。

(2) 严格按照操作规范进行实验。认真学习实验中涉及的各类仪器的性能、使用方法、操作技巧等相关知识。在实验中遇到困难和故障时,不要慌乱,要设法弄清原因并及时排除。如实验失败,要检查原因,经指导教师同意,重做实验。

（3）尊重事实，准确记录。做好实验记录是实验中的一个基本要求。只做实验而不记录，或者记在零星纸片上都是不允许的，更不允许追加记录。实验记录要忠实地反映观察到的事实，如实记录实验中的重要操作、发生的现象和实验数据等。

（4）认真书写实验报告。在报告中对实验现象进行合理分析，弄清实验现象发生的原因，加以解释并做出结论。整理实验数据，根据实验数据进行计算，完成实验报告。

（5）实验完成后，应将有毒溶液和可回收利用的贵金属溶液等倒入各自的回收瓶中集中处理，其余废液应倒入废液桶中，并将仪器洗刷干净放到指定的地方，最后整理好台面，经允许后方可离开实验室。

1.1.3　成绩评定

学生分析化学实验成绩是根据教学大纲的要求来评定的。分析化学实验课程的考核分为两个部分：平时单个实验的累积记分和课程结束时综合考试的记分。平时单个实验累积记分要求对开出的每个实验都制定出具体的评分标准，包括实验预习、实验基本操作、实验结果、实验报告等。每次实验前，学生应写出预习报告，包括实验目的、原理、实验步骤，并列好有关实验记录表格，还应预习相关仪器的使用方法和操作技巧。由教师根据相应评分标准对预习报告、实验基本操作、实验结果以及实验报告等几部分进行打分，综合后为此单个实验的累积记分。课程结束后对实验教学情况进行全面考核，可采用笔试和具体操作考核相结合的方式进行。

§1.2　分析化学实验室的规则、安全及"三废"处理

1.2.1　实验室规则

实验室规则是防止意外事故、保证正常实验环境和工作秩序的重要前提，是必须严格遵守的实验室工作规范。具体如下：

（1）实验前要认真预习，明确实验目的，了解实验步骤、实验方法和实验原理。检查仪器是否完备，药品是否齐全。

（2）实验时应严格遵守操作规程，不得擅自改变实验内容和操作步骤，以保证实验安全。

（3）遵守纪律，保持安静，不要大声喧哗。要集中精力，认真操作，仔细观察，翔实记录实验现象和实验数据，实验记录不得随意涂改。

（4）使用玻璃仪器要小心谨慎，如有损坏要报告老师及时更换。使用精密仪器时，必须按照操作规程，不得随意拆装移动，若发现故障，应立即停止使用，报告教师，找出原因，排除故障。

（5）注意节约使用试剂、水、电、气及实验材料，避免浪费。

（6）应按规定的量取用药品。药品自瓶中取出后，不应倒回原瓶中，以免带入杂质而污染瓶中药品。试剂取用后，应立即盖上盖子并放回原处，以免和其他瓶盖搞混，污染药品。吸取溶液前要将滴管洗净，同一滴管在未洗净之前，不得吸取不同试剂。遵守试剂取用规则，不得将公用药品取走或挪动位置。

（7）实验过程中,应保持实验室及台面整洁。废弃物应放入指定容器中,需回收的药品应倒入指定的回收瓶内,不得随意丢弃。实验产生的废水、废气、废渣应按"三废"处理要求进行处理,以防污染环境。

（8）注意安全操作,遵守安全规则。不准将实验室仪器、药品及其他用品随便带出实验室。

（9）实验结束后,要认真清洗玻璃仪器,整理实验台面,清扫实验室,关好水、电、气及门窗,经许可后方可离开。

1.2.2　安全知识

慕课:安全
知识课程

化学实验所用试剂往往有一定毒性和腐蚀性,有些还是易燃易爆药品,具有潜在的不安全因素,因此实验时要特别注意安全,不可麻痹大意。实验前应了解安全注意事项,实验时要严格遵守实验操作规程。

（1）了解实验室布局,如水、电、气的管线走向及灭火器的放置地点,熟悉消防器材的使用方法。

（2）注意不要用湿手接触电源,使用完毕应及时拔掉电源插头。

（3）严禁在实验室内吸烟、饮食,切勿用实验器皿作为餐具,防止化学试剂入口。实验完毕应洗净双手。

（4）浓酸、浓碱具有强腐蚀性,应避免溅落在皮肤、衣物、书本、台面上,更应防止溅入眼里。稀释浓酸时,应将浓酸慢慢注入水中,并不断搅动。切勿将水注入浓酸中,以免产生局部过热,使浓酸溅出。浓酸、浓碱如果溅到身上应立即用水冲洗,溅到实验台面或地面上要用水稀释后擦掉。

（5）能产生有刺激性或有毒气体(如 Cl_2、H_2S、PH_3、NO_2、SO_2、Br_2、HF 等)的实验应在通风橱中进行,具有易挥发和易燃物质的实验应远离火源,最好也在通风橱中进行。不要直接俯向容器闻气体的味道,应用手将少许气体轻扇向鼻孔。

（6）严禁任意混合各种化学试剂,以免发生意外事故。

（7）不能用手直接取用固体药品,对一些有毒药品,如铬（Ⅵ）的化合物、汞的化合物、砷的化合物、可溶性钡盐、镉盐、铅盐,特别是氰化物,不得接触伤口,更不得进入口内,其废液不能随意倒入下水道,应倒入指定的回收瓶统一回收处理。

（8）使用酒精灯应随用随点,不用时盖上灯罩,不要用已点燃的酒精灯去点燃别的酒精灯,以免酒精流出而失火。

（9）加热试管时,不要将试管口指向自己或别人,也不要俯视正在加热的液体,以免溅出的液体把人灼伤。

（10）实验过程中万一发生火灾,不要惊慌,应尽快切断电源或燃气源,用石棉布或湿抹布熄灭(盖住)火焰。密度小于水的非水溶性有机溶剂着火时,不可用水浇,以防止火势蔓延。电器着火时,不可用水冲,以防触电,应使用干粉灭火器或干冰进行灭火。着火范围较大时,应立即用灭火器灭火,并根据火情决定是否要报告消防部门。

1.2.3　"三废"处理

化学实验中常产生废气、废液、废渣等有毒物质,简称"三废"。其中有些是剧毒物和致癌物,如果不经处理就排入下水道,将会污染环境,损害人体健康。而且,"三废"中的有用或贵重成分未能回收,在经济上也是损失。因此,化学实验室"三废"的处理是很重要的问题。

1. 实验室的废气

产生少量有毒气体的实验可在通风橱中进行,有毒气体通过排风装置排至室外,排气管必须高于附近房顶 3 m 以上。若实验室需排放毒性大且量较多的气体,可参考工业废气的处理方法,用吸附、吸收、氧化、分解等方法处理达到国家排放标准后排放。

2. 实验室的废渣

实验室产生的有害固体废渣量虽然不多,但决不能将其与生活垃圾混倒。固体废弃物经回收、提取有用物质后,其残渣仍含有多种污染物,需对其进行合适的安全处理。

① 固化:对少量的高危险性物质(如放射性废弃物),可将其通过物理或化学的方法进行固化,再进行深填埋。

② 土地填埋:这是固体废弃物最终处置的主要方法。要求被填埋的废弃物应是惰性物质或经微生物分解能成为无害物质。填埋场地应远离水源,场地底土不透水,有害物质不能穿入地下水层。

3. 实验室的废液

在化学实验室产生的废弃物中,以废液所占比例最大,若不加处理就任意排放,会对环境产生污染,危害人类身体健康。因实验室产生的废液种类繁多,且组成变化大,所以应根据废液的性质分别加以处理。

(1) 废液的收集

根据废液的性质分别收集,例如毒性大的 Hg、Cd、Pb 等的盐溶液与贵金属盐溶液应分别回收。

(2) 实验室常见废液的处理

① 含氰废液:在每 200 mL 废液中加入 25 mL 20%碳酸钠及 25 mL 5%$FeSO_4 \cdot 7H_2O$ 溶液,搅匀。将 CN^- 转化为 $Fe(CN)_6^{4-}$ 后再排放,并用大量水冲洗。此外,含氰废液也可采用碱性氧化法或碱性氯化法处理。

CN^- 含量低时采用氧化法,即在废液中加入氢氧化钠调 pH 至 10 以上,再加入 $KMnO_4$(以 3%计)使 CN^- 氧化分解。

CN^- 含量高,则采用氯化法,以次氯酸钠为氧化剂使 CN^- 氧化为氰酸盐,为一级氧化;然后调节 pH 为 6.5～7.1,继续加次氯酸钠,使氰酸盐氧化为无毒的 CO_2 和 N_2 直接排放,为二级氧化,具体反应如下。

碱性氯化法处理含氰废水的一级不完全氧化反应:

$$CN^- + ClO^- + H_2O \rightleftharpoons CNCl + 2OH^-$$

$$CNCl + 2OH^- \rightleftharpoons CNO^- + Cl^- + H_2O$$

含氰废水经局部氧化法生成的氰酸根(CNO^-)毒性仅为 CN^- 的千分之一,虽然含氰废水浓度较低,但是 CNO^- 毕竟是有毒物质,在酸性条件下易水解生成氨(NH_3),即:

$$CNO^- + 2H_2O \rightleftharpoons CO_2 + NH_3 + OH^-$$

氨不仅污染水体,而且容易与氯化合,生成毒性次于氯的氯胺。因此需进行二级完全氧化处理,进一步处理 CNO^-,完全破坏其 C—N 键,使之分解生成 CO_2、N_2 逸出,这样才能达到排放标准。其二级氧化反应式为:

$$2CNO^- + 3ClO^- + H_2O =\!=\!= 2CO_2\uparrow + N_2\uparrow + 3Cl^- + 2OH^-$$

一级局部氧化反应完成后,只需调节 pH 为 6.5~7.1,便可实现含氰废水的完全氧化处理。达到二级完全氧化投药比 CN^-:$NaClO$=1:(7.8~8.0)。由于废水中往往存在其他还原性物质 H_2S、Fe^{2+}、有机物类等物质,因此次氯酸钠的实际用量高于理论值 5%~10%。

② 含汞废液:若不小心将金属汞撒在实验室里,必须立即用滴管、毛笔或用在硝酸汞的酸性溶液中浸过的薄铜片收集起来用水覆盖,散落过汞的地面撒上硫黄粉或喷上 20%三氯化铁溶液,然后再清扫干净。如果室内的汞蒸汽浓度超过 $0.01~mg\cdot m^{-3}$,可用碘净化,即将碘加热或自然升华,碘蒸汽与空气中的汞,以及吸附在墙上、地上和器物上的汞作用生成不易挥发的碘化汞,然后彻底打扫干净。

含汞盐的废液可先调 pH 至 8~10,加入过量硫化铵,使其生成硫化汞沉淀。再加入硫化亚铁作为共沉淀剂,硫化亚铁将水中悬浮的硫化汞微粒吸附而共沉淀。分离后的清液可排放,残渣则用焙烧法回收汞或再制成汞盐。

③ 含铬废液:稀含铬废液则可用铁屑还原残留的 Cr(Ⅵ),再用废碱液或石灰中和使其生成低毒的氢氧化铬沉淀。含铬废液处理方法还有很多,如电解法、离子交换法、二氧化硫法等,在此不再赘述。

④ 含砷废液:含砷废液中可加入氧化钙,调节并控制 pH 为 8,则生成砷酸钙和亚砷酸钙沉淀,而若有铁离子存在则可起共沉淀作用。

⑤ 含铅、镉的废液:用氢氧化钙将废液 pH 调至 8~10,使废液中的 Pb^{2+}、Cd^{2+} 生成对应的氢氧化物沉淀,加入七水硫酸亚铁作为共沉淀剂。

⑥ 含重金属废液处理:含重金属(如 Ca、Zn、Fe、Mn、Ni、Sb、Al、Co、Sn、Bi 等)废液的常见处理方法有两种,即氢氧化物共沉淀法和硫化物共沉淀法。氢氧化物共沉淀法是先在废液中加入氯化铁或硫酸铁,并充分搅拌。再加入用氢氧化钙调成的石灰乳,调 pH 至 9~11,注意 pH 不能过高,否则沉淀会再溶解。最后将溶液放置一段时间,过滤沉淀物,检查滤液中重金属离子浓度达标后,才能将它中和排放。硫化物共沉淀法要求先将废液中的重金属离子浓度控制在 1%以下,超过则用水进行稀释。加入硫化钠或硫氢化钠溶液,充分搅拌。再加入氢氧化钠溶液,调整 pH 为 9~9.5 后再加入氯化铁溶液,调 pH 至 8 以上,然后放置一夜后过滤沉淀,检查滤液是否达标,再检查滤液有无 S^{2-},若含有 S^{2-},则用 H_2O_2 将其氧化,中和后即可排放。除上述方法外,还有碳酸盐法、离子交换树脂法及吸附法等可用来处理含重金属离子废液。

⑦ 含钡废液:在含钡废液中加入硫酸钠溶液,将沉淀过滤后,即可排放。

⑧ 含银废液:含银废液在搅拌下加入过量浓盐酸,使其生成氯化银沉淀。用倾泻法洗涤沉淀以除去 Fe^{3+} 和 Cl^-,在 1:4 硫酸或 10%~15%氯化钠溶液中加入锌粒或插入锌棒,还原氯化银沉淀,得到暗灰色银粉。将洗涤和干燥过的粉状银,以小份溶于适量的 1:1 硝酸中,蒸发至干除去过量硝酸,制得的硝酸银溶于水中,过滤,并用水稀释至一定体积。

⑨ 无机酸类:废无机酸先收集于陶瓷缸或塑料桶中,然后以过量的废碳酸钠或氢氧化钙的水溶液中和,或用废碱中和,中和后用大量水稀释排放。

⑩ 氢氧化钠、氨水:氢氧化钠、氨水先用稀废酸中和,然后再用大量水稀释排放。

⑪ 含氟废液:可在其中加入石灰生成氟化钙沉淀,以废渣形式处理。

⑫ 有机溶剂:若废液量较多,有回收价值的溶剂应蒸馏回收再使用。无回收价值的少量废液可用水稀释后排放。若废液量大,可用焚烧法处理。不易燃烧的有机溶剂,可用废易燃溶剂稀释后再焚烧。

§1.3　分析化学实验室用水

1.3.1　实验用水规格

在分析化学实验中,水是不可缺少的,洗涤仪器、配制溶液等都需要用到大量的水,根据具体任务及要求的不同,对水的纯度要求也不同。对于一般性分析工作,采用蒸馏水或去离子水即可;而对于超纯物质的分析或有特别要求的分析,则要求采用更高纯度的"高纯水"。

在实际工作中,水的纯度主要指水的含盐量,即水中各种阴、阳离子数量的大小。而含盐量的测定比较复杂,目前通常用水的电阻率或电导率来表示。

根据实验室对水纯度要求的不同,通常可将水分为以下几种。

1. 自来水

自来水是天然水等经过人工简单处理后得到的,它含有很多杂质离子,如 Na^+、K^+、Ca^{2+}、Mg^{2+}、Al^{3+}、Fe^{3+}、CO_3^{2-}、HCO_3^-、SO_4^{2-}、Cl^- 等,还有可溶于水的 CO_2、NH_3 等气体以及某些有机物和微生物等。

由于自来水中杂质较多,不能满足一般化学分析实验的要求,所以,在化学实验室,它只能用于初步洗涤仪器等对水质要求不高的环节。

2. 蒸馏水

将自来水在蒸馏装置中加热气化,然后将蒸汽冷凝即可得到蒸馏水。由于杂质离子不挥发,所以蒸馏水中所含杂质比自来水少得多,但还是含有少量杂质,这些杂质包括由 CO_2 溶于水而生成的 CO_3^{2-},以及由冷凝管、接收容器本身引入的一些杂质。尽管如此,蒸馏水仍是实验室中最常用的水,可用来洗净仪器、配制溶液、做一般化学分析实验等。

3. 去离子水

通过离子交换柱后得到的水即为去离子水。离子交换柱中装有离子交换树脂,根据活性基团不同可分为阳离子交换树脂和阴离子交换树脂两大类。

1.3.2　纯水的制备与使用

1. 蒸馏法

蒸馏法只能除去水中不挥发的杂质,而溶解在水中的气体并不能除去。目前使用的蒸馏器有玻璃、铜、石英等材质,因所用材质的不同,蒸馏制得的纯水中所含杂质也不同。采用铜蒸馏器制备的纯水,往往含有较多的 Cu^{2+};采用玻璃蒸馏器制备的纯水,则常常含有 Na^+、SiO_3^{2-} 等杂质。

一般性的分析工作用一次蒸馏水即可,若需要更纯净的水则可将一次蒸馏水重新蒸馏获得二次蒸馏水,重蒸馏一般采用石英蒸馏器或硬质玻璃蒸馏器。

另外,还可用石英亚沸高纯水蒸馏器来制备高纯水,其特点是将蒸馏水保持近沸状态,蒸发的水蒸气冷凝后用石英容器接收。由于不用玻璃容器及铜容器,蒸馏的水不含 Na^+ 或 Cu^{2+},电阻率高。

2. 离子交换法

离子交换法用阴、阳离子交换树脂除去水中杂质,制得的水为"去离子水"。离子交换法的优点是制备的水量大、成本低、除去杂质的能力强,但操作较复杂,不能除去有机物等非电解质杂质,而且尚有微量树脂溶在水中。

3. 电渗析法

电渗析法是在离子交换法的基础上发展起来的一种制备纯水的方法,它是在外电场的作用下,利用阴、阳离子交换膜对溶液中离子的选择性透过,使杂质离子从水中分离出来的方法。此法除去杂质的效率较低,水质较差,制备的水只适用于一些要求不太高的分析工作。

1.3.3 水纯度检验

纯水的检验有物理方法(测定水的电阻率)和化学方法两类,根据一般分析实验室工作的要求,检验纯水通常有下列几个检验项目:

(1)电阻率:水的电阻率越高,表示水中的离子越少,水的纯度越高。25℃时,电阻率为 $1\times10^6\sim10\times10^6\ \Omega\cdot cm$ 的水称为纯水,电阻率大于 $10\times10^6\ \Omega\cdot cm$ 的水称为高纯水。

(2)pH:由于空气中的 CO_2 可溶于水,故纯水的 pH 一般在 6.0 左右。取 2 支试管,各加被检查水 10 mL,其中 1 支加甲基红指示剂 2 滴,不得显红色;另 1 支加 0.1%溴麝香草酚蓝(溴百里酚蓝)指示剂 5 滴,不得呈蓝色。

(3)氯离子:取 10 mL 水,用 HNO_3 酸化,再加入 1%$AgNO_3$ 溶液 2 滴,摇匀后不得有混浊产生。

(4)Ca^{2+}、Mg^{2+} 等离子:取 25 mL 水,加入 $NH_3\cdot H_2O - NH_4Cl$ 缓冲溶液 5 mL,再加 0.2%铬黑 T 指示剂 1 滴,不得显红色。

§1.4 化学试剂的一般知识

1.4.1 试剂的级别

化学试剂的规格是以其中所含杂质的多少来划分的,一般分为四个等级,我国化学试剂的规格与标志及某些国家化学试剂相应的规格与标志见表1-1。

在一般分析中,通常使用 A.R 级的试剂,必要时需进行提纯。

视频:试剂的分级与保存

表 1-1 化学试剂等级对照表

等　级		1	2	3	4	5
我国化学试剂等级标志	级别	一级	二级	三级	四级	生物试剂
	中文标志	保证试剂	分析试剂	化学纯	化学用	
		优级纯	分析纯	化学纯	实验试剂	
	符号	G. R	A. R	C. R	L. R	B. R　C. R
	标签颜色	绿色	红色	蓝色	棕色等	黄色等
美、英、德等国通用等级与符号		G. R	A. R	C. P	—	—
应用范围		杂质含量低,适用于精密科研和分析	杂质含量低,适用于一般科研与分析	杂质含量较高,适用于一般工业分析及制备	杂质含量较高,适用于一般化学制备	适用于生物化学分析及化学制备

生物试剂是生物化学中使用的特殊试剂,其纯度表示与一般化学试剂表示不同。如:蛋白质类试剂常以含量或杂质含量表示。

此外,还有些特殊用途的"高纯试剂",如基准试剂、色谱纯试剂、光谱纯试剂等。基准试剂的纯度相当于或高于优级纯试剂,可作为滴定分析法的基准物质,也可用于直接配制标准溶液。色谱纯试剂指在高灵敏度下或 10^{-10} g 下无杂质峰来表示。光谱纯试剂专门用于光谱分析,它是以光谱分析时出现的干扰谱线的数目及强度来衡量。

分析工作者应根据需要,合理使用不同等级的化学试剂,既不超规格使用造成浪费,又不随意降低规格而影响分析结果的准确度。

1.4.2　试剂的存放

化学试剂大多具有一定的毒性及危险性,其存放应根据试剂的毒性、易燃性、腐蚀性和潮解性等不同的特点,以不同的方式妥善保存。

(1) 液体试剂通常存放于细口瓶中,固体试剂则存放于广口瓶中;盛液体的瓶盖通常为磨口的,但碱性很强的试剂(如氢氧化钠、氢氧化钾、浓氨水等)应放在有橡皮塞的瓶中。

(2) 见光会逐渐分解的试剂,如过氧化氢、硝酸银、高锰酸钾、草酸、铋酸钾等;与空气接触易逐渐被氧化的试剂,如氯化亚锡、硫酸亚铁等;以及易挥发的试剂,如氨水、溴及甲醇、乙醇等,都应放在棕色瓶中,置于阴暗处。过氧化氢见光易分解,但不能装在棕色玻璃瓶中,因为玻璃中的微量金属会对其分解起催化作用,因此应将过氧化氢存放于不透明的塑料瓶中,必要时应用黑色纸或塑料袋包裹避光。

(3) 容易侵蚀玻璃的试剂,如氢氟酸、含氟盐、氢氧化钠、氢氧化钾等,应保存在塑料瓶中。

(4) 吸水性强的试剂,如无水碳酸钠、氢氧化钠、过氧化氢等,试剂瓶口应严格密封。

(5) 相互作用的试剂,如有机试剂与氧化剂、氧化剂与还原剂、挥发性的酸与氨等应分开存放,易燃易爆的试剂应分开存放于阴凉通风、不受阳光直射的地方。

(6) 剧毒试剂,如氰化物、氯化汞、三氧化二砷等,应由专人保管,取用时应严格记录,以免发生事故。

（7）此外，每个试剂瓶都要贴上标签，标明试剂的名称、规格、浓度、配制日期，标签纸外应贴上透明胶带或封上石蜡。

1.4.3　试剂的取用

（1）试剂的取用应根据节约的原则，按实验要求，选用不同规格的试剂。一般应尽量取用低规格药品。同一化学试剂规格不同，价格不同，纯度高的价格往往比纯度低的价格高出许多。超越实验要求盲目追求高纯度会造成浪费，当然，随意降低规格会导致测定结果准确度降低。

（2）在某些要求较高的化学分析实验中，不仅要考虑试剂的等级，还应注意生产厂家、产品批号等，必要时应做专项检验和对照实验。

（3）所有装有试剂、溶液及样品的瓶上标签要完整、清晰，应标明试剂的名称、规格、质量、浓度、配制日期等。万一标签脱落，应照原样贴好。不应在容器内装入与标签不符的物品。无标签的试剂必须在取样检定后使用。

（4）在取用试剂时，不能用一种工具不经洗净连续取用几种药品，这样会污染药品，而且可能会发生意外。

（5）任何药品均不能直接用手拿取，即使是对皮肤没有伤害的药品也不允许，因为这样会造成药品污染。

（6）要酌量取用药品，药品一经取出不得倒回，取用时动作要迅速，不能开盖过久，以免污染药品或导致药品变质。

（7）在取用特殊药品时，应在通风良好、远离火源处或在佩戴保护用品的条件下进行。

§1.5　常用玻璃仪器的洗涤和干燥

视频：玻璃仪器
的洗涤和干燥

1.5.1　仪器的洗涤

用于分析化学实验的玻璃器皿必须仔细洗净。洗净的玻璃器皿，其内壁应无肉眼可见的污物，不挂水珠，否则应再次浸泡刷洗，最后用蒸馏水润洗3次备用。

实验中常用的烧杯、锥形瓶、量筒等一般玻璃器皿，可用试管刷蘸合成洗涤剂或去污粉刷洗，再用自来水洗净，最后用蒸馏水或去离子水润洗2～3次。

滴定管如无明显油污时，可直接用自来水冲洗；若有油污，则在滴定管中倒入铬酸洗液，将滴定管横过来，两手平端滴定管转动，直至铬酸洗液布满全管（碱式滴定管需先将橡皮管卸下，用橡皮胶头套在滴定管底部，再用铬酸洗液洗涤），然后将铬酸洗液倒回原瓶，用自来水将滴定管冲洗干净；污染严重的滴定管，可竖直倒入铬酸洗液浸泡数小时后，再用自来水冲洗干净。

移液管、吸量管也同样可用铬酸洗液进行洗涤，污染严重的，可将其放在大量筒中用铬酸洗液浸泡数小时后再用自来水洗净。很难洗涤干净的容量瓶亦可用铬酸洗液洗涤。

分光光度法使用的比色皿，是由光学玻璃或石英玻璃制成的，容易被有色溶液染色，通常视其污染程度，选用硝酸、HCl-乙醇或合成洗涤剂等浸泡后用自来水冲洗干净，不得使用试管刷刷洗。

仪器分析所用的器皿,尤其是微量、痕量分析,通常还要用 $1 : 1$ 或 $1 : 2$ 体积比的盐酸或硝酸溶液浸泡,有时还需加热,以除去微量杂质。

新的玻璃滤器使用前要经酸洗(浸泡)、抽滤、水洗、晾干或烘干。为了防止残留物堵塞微孔,使用后的滤器应及时清洗。清洗的步骤是:首先用合适的洗涤液进行浸泡,选用的洗涤液应既能溶解或分解残留物又不至于腐蚀滤器,然后抽滤、水洗、再抽滤,即可。例如:过滤 $KMnO_4$ 溶液后,要用盐酸或草酸浸泡滤器,再抽滤清洗残留的 MnO_2;过滤 $AgCl$ 后,要用氨水或 $Na_2S_2O_3$ 溶液浸洗。

玻璃滤器不应过滤较浓的碱性溶液、热的浓磷酸及氢氟酸溶液,也不宜过滤含有易堵塞滤孔而且无法洗掉的残渣颗粒的溶液。

聚乙烯塑料制品容器的应用越来越多,其清洗也是非常重要的。新购买的塑料器皿一般先用自来水清洗,再以 $8\ mol \cdot L^{-1}$ 尿素溶液(用浓盐酸调 pH 至 1.0)洗涤,再用蒸馏水漂洗。随后用 $1\ mol \cdot L^{-1}KOH$ 溶液洗涤,再用蒸馏水漂洗。然后用 $1 \times 10^{-3}\ mol \cdot L^{-1}EDTA$ 溶液洗涤,以除去可能存在的金属离子,最后用二次蒸馏水充分漂洗,倒置晾干备用。经过上述洗涤步骤处理过的器皿,每次使用后可以用 0.5% 去垢剂溶液洗涤,再分别用自来水充分冲洗和蒸馏水漂洗,晾干后即可使用。如果必要也可按尿素→碱→EDTA 洗涤顺序处理,以除去器皿上的污染物。

洗涤过程中,蒸馏水或去离子水应在最后使用,即仅用它洗去残留的自来水。洗涤过程中自来水和蒸馏水的使用都应遵循少量多次的原则,每次洗涤用水一般为总容量的 $5\% \sim 20\%$。

1.5.2　常用洗涤液

(1) 铬酸洗液:又称重铬酸钾(或重铬酸钠)-浓硫酸洗涤液,简称铬酸洗液。广泛用于玻璃仪器的洗涤,可除去大部分污垢,但对于像 MnO_2 之类的污垢除外。它具有很强的氧化性和腐蚀性,在使用时切不可溅在皮肤和衣服上。其配制方法如下:称取 5 g 重铬酸钾(或重铬酸钠)粉末放入 250 mL 烧杯中,加 5 mL 水,尽量使其溶解。然后边搅拌,边缓缓注入 100 mL 浓 H_2SO_4,待洗液温度冷却至 40℃以下,将其转移到具磨口玻璃塞的细颈干燥的试剂瓶内贮存备用。

(2) 浓 HCl(工业用):常用于洗去水垢或某些无机盐沉淀。

(3) 浓 HNO_3:常用于洗涤除去金属离子。

(4) $1\ mol \cdot L^{-1}KOH$ 溶液:主要用于洗去油污及某些有机物。

(5) $8\ mol \cdot L^{-1}$ 尿素洗涤液(用浓盐酸调 pH 至 1.0):适用于洗涤盛蛋白质溶液及血样的器皿。

(6) $1 \times 10^{-3}\ mol \cdot L^{-1}EDTA$ 溶液:用于除去塑料容器内壁污染的金属离子。

(7) $5\% \sim 10\%$ 磷酸三钠($Na_3PO_4 \cdot 12H_2O$)溶液:用于洗涤油污物。

(8) 氢氧化钾(KOH)的乙醇溶液和含有高锰酸钾的氢氧化钠(NaOH)溶液:适用于清除容器内壁污垢,但这两种强碱性洗涤液对玻璃仪器的侵蚀性很强,故洗涤时间不宜过长,使用时应小心慎重。

① NaOH - $KMnO_4$ 洗涤液:适用于除去油污及有机物,洗涤后在器皿上留下

$MnO_2 \cdot nH_2O$ 沉淀,该沉淀可用 $HCl - NaNO_2$ 混合液洗去。其配制方法为:在台秤上称取 10 g $KMnO_4$ 于 250 mL 烧杯中,加少量水使之溶解,向该溶液中慢慢加入 100 mL 10% $NaOH$ 溶液,混匀后贮存于带橡皮塞的玻璃瓶中备用。

②KOH-乙醇洗涤液:适合于洗涤被油脂或某些有机物玷污的器皿。一般配制成 W/V 百分浓度的溶液。其配制方法为:称取 2.8 g KOH 固体加少量乙醇溶解,然后定容至 100 mL。

(9) HNO_3 -乙醇溶液:适合于洗涤油脂或有机物玷污的酸式滴定管。使用时先在滴定管中加入 3 mL 乙醇,沿管壁加入 4 mL 浓硝酸,用小表面皿,或用小滴帽盖住滴定管。让溶液在管中保留一段时间,即可除去污垢。

(10) HCl-乙醇(1∶2,V/V)洗涤液:适合于洗涤染有颜色的有机物质的比色皿。

(11) 有机溶剂:丙酮、乙醇、乙醚等可用于洗脱油脂、脂溶性染料等污痕。二甲苯可洗脱油漆类污垢。

1.5.3　仪器的干燥

一般定量分析中的烧杯、锥形瓶等仪器洗净即可使用,而有些分析实验的仪器是要求干燥的,应根据不同要求来干燥仪器。

1. 晾干

不急用的、要求一般干燥的玻璃仪器,可在纯水润洗后,在无尘处倒置除去水分,然后自然干燥,可用带有斜木钉的架子和带有透气孔的玻璃柜放置仪器。

2. 烘干

洗净的仪器常放在烘箱中烘干,烘箱温度一般为 105～110℃,烘 1 h 左右,也可放在红外灯干燥箱中烘干,此法适用于一般仪器。称量用的称量瓶等烘干后要放在干燥器中冷却和保存。带实心玻璃塞的及厚壁仪器烘干时要注意慢慢升温并且温度不可过高,以免烘裂,量器不可放于烘箱中烘干。

3. 热(冷)风吹干

对于急于干燥的仪器或不适合放入烘箱的较大仪器可用吹干的办法。通常用少量乙醇、丙酮(或最后再用乙醚)润洗仪器,然后用电吹风吹干。开始用冷风吹 1～2 min,当大部分溶剂挥发后吹入热风至完全干燥,再用冷风吹残余的蒸汽,使其不再冷凝在容器内。此法要求通风好,不可接触明火,以防有机溶剂燃烧或爆炸。

§1.6　实验数据的采集和整理

1.6.1　误差

化学实验中需要测量各种物理量和参数,在测定过程中,不仅要经过许多操作步骤,使用多种仪器和化学试剂,而且还受到测定者本身的各种因素的影响,使得测量结果和真实值之间或多或少有一些差距,这就是误差。根据误差产生的原因不同,可将误差分为系统误差、随机误差和过失误差。

1. 系统误差

系统误差又称可测误差或恒定误差。在分析测定工作中系统误差产生的原因主要有:方法误差、仪器和试剂误差、人员误差、环境误差等。

(1) 方法误差

方法误差又称理论误差,是由测定方法本身造成的误差,或是由于测定所依据的原理本身不完善而导致的误差。例如,在重量分析中,由于沉淀的溶解、共沉淀现象、灼烧时沉淀分解或挥发等;在滴定分析中,反应进行不完全或有副反应、干扰离子的影响等,使得滴定终点与理论等当点不能完全符合,如此等等原因都会引起测定的系统误差。

(2) 仪器和试剂误差

仪器误差也称工具误差,是测定所用仪器不完善造成的。分析实验中所用的仪器主要指基准仪器(天平、玻璃量具)和测定仪器(如分光光度计、pH 计等)。

天平是分析测定中最基本的基准仪器,如天平不等臂、灵敏度欠佳、砝码失于校准等会产生称量误差,应由计量部门定期进行检校。

市售的玻璃量具(容量瓶、移液管、滴定管、比色管等),其真实容量并非完全与其标称的容量相符,对一些要求较高的分析工作,要根据容许误差范围,对所用的仪器进行容量校准。

分析所用的测定仪器,要按说明书进行校准。在使用过程中应随时进行检查,以免发生异常而造成测定误差。

试剂误差是由于试剂不纯和蒸馏水中含有微量杂质所引起的。

由试剂、蒸馏水、实验器皿和环境带入的杂质所引起的系统误差,可以通过做空白试验来消除或减小。空白试验是在不加试样的情况下,按照试样的分析步骤和条件而进行分析的试验。得到的结果称为"空白值"。从试样分析结果中扣除空白值,就可以得到更接近于真实含量的分析结果。

(3) 人员误差

人员误差是由于测定人员的判断能力、反应速度和固有习惯引起的误差。这类误差往往因人而异,因而可以采取让不同人员进行分析,以平均值报告分析结果的方法予以减小。

(4) 环境误差

环境误差是由于测定环境所带来的误差。例如室温、湿度不是所要求的标准条件,测定时仪器受震动和电磁场、电网电压、电源频率等变化的影响,室内照明影响滴定终点的判断等。在实验中如发现环境条件对测定结果有影响时,应重新进行测定。

2. 随机误差

随机误差指在实际相同的条件下,对同一样品进行多次测定时,单次测定值与真实值之间差异的绝对值和符号均无法预计的误差。这种误差是由测定过程中各种随机因素的共同影响造成的。因此,随机误差的数值和方向不定,有大有小,时正时负。从表面上看,这类误差似乎没有规律性,但若对随机误差进行统计分析,发现:绝对值小的误差比绝对值大的误差出现的次数多;在一定条件下得到有限次测定值中,其误差的绝对值不会超过一定的界限;在测定的次数足够多时,绝对值相近的正误差与负误差出现的次数大致相等,此时正负误差相互抵消,随机误差的绝对值趋向于零。分析工作者通常采用平均值报告分析结果时,正是运用了这一概率定律。在排除了系统误差的情况下,用增加测定次数的办法,使平均值成为与真实值较吻合的估计值。

3. 过失误差

过失误差也称粗差。这类误差明显地歪曲测定结果,是由于在测定过程中犯了不应有的错误造成的。例如,标准溶液超过保存期,浓度或价态已经发生变化而仍在使用;器皿不清洁;不严格按照分析步骤或未正确按分析方法进行操作;弄错试剂或吸管;试剂加入过量或不足;操作过程中试样受到大量损失或污染;仪器出现异常未被发现;读数、记录及计算错误等,都会产生过失误差。过失误差无一定的规律可循,这些误差基本上是可以避免的。消除过失误差的关键,在于分析人员必须养成专心、认真、细致的良好工作习惯,不断提高理论和操作技术水平。

1.6.2　测定数据的取舍

在实际工作中,分析结果的数据处理非常重要。分析工作者仅做 1～2 次测定是不可能提供可靠信息的,也不会被人们接受。因此在科研和实验工作中,应该对试样进行多次平行测定,直至获得足够的数据,然后进行统计处理。个别数据可能与其他数据偏离较远,这些数据叫作可疑值或逸出值。对分析结果要求比较高的情况下,需要对可疑值进行取舍。

一般按照 Q 检验法对可疑值进行取舍,此法适用于 3～10 次测定时的数据处理。

基本步骤如下:

① 数据按从小到大顺序排列:$x_1, x_2, x_3, \cdots, x_n$,其中 x_1 为最小值,x_n 为最大值;

② 找出可疑值 x_1 或 x_n;

③ 求出 $Q_{计}$:

$$Q_{计} = \frac{x_2 - x_1}{x_n - x_1} \text{ 或 } Q_{计} = \frac{x_n - x_{n-1}}{x_n - x_1}$$

④ 查附表 13 得到 $Q_{表}$ 值;

⑤ 若 $Q_{计} > Q_{表}$,则此值舍去,否则应保留。

【例 1-1】　某一含氯的试样,四次测定的结果分别为 30.22%、30.34%、30.42%、30.38%。此实验数据中 30.22% 是否舍去(90% 置信度)?

将四次测定结果按从小到大顺序排列:30.22%、30.34%、30.38%、30.42%,其中30.22% 为可疑值。

解:$Q_{计} = \dfrac{30.34\% - 30.22\%}{30.42\% - 30.22\%} = 0.60$,查附表 13 得 $Q_{0.90} = 0.76$

$Q_{计} = 0.60 < Q_{0.90} = 0.76$,不舍去。

视频:有效数字
及运算规则

1.6.3　有效数字及其运算规则

在科学实验中,为了得到准确的测定结果,不仅要准确地测定各种数据,而且还要正确地记录和计算。分析结果的数值不仅表示试样中被测组分含量的多少,而且还反映了测定的准确程度。所以,记录数据和计算结果应保留几位数字是很重要的。

1. 有效数字

数字的位数不仅表示数字的大小,也反映测量的准确程度。所谓有效数字,就是指实际能测得的数字。

有效数字保留的位数,应根据分析方法与仪器的准确度来决定,一般使测得的数值中只有最后一位是可疑的。例如在分析天平上称取试样 0.800 0 g,这不仅表明试样的质量为 0.800 0 g,还表明称量的误差在 ±0.000 1 g 以内。如将其质量记录成 0.8 g,则表明该试样 是在台称上称量的,其称量误差为 ±0.1 g,故记录数据的位数不能任意增加或减少。

有效数字就是保留最后一位不准确数字,其余数字均为准确数字。同时从上面的例子 也可以看出有效数字是和仪器的准确程度有关,即有效数字不仅表明数值的大小而且也反 映测量的准确度。

对于滴定管、移液管和吸量管,它们都能准确测量溶液体积到 0.01 mL。所以当用 50 mL 滴定管测定溶液体积时,如测量体积大于 10 mL 小于 50 mL 时,应记录为 4 位有效数 字,例如写成 24.22 mL;如测定体积小于 10 mL,应记录 3 位有效数字,例如写成 8.13 mL。当 用 25 mL 移液管移取溶液时,应记录为 25.00 mL;当用 5 mL 吸量管取溶液时,应记录为 5.00 mL。当用 250 mL 容量瓶配制溶液时,所配溶液体积应记为 250.00 mL。当用 50 mL 容量瓶配制溶液时,应记录为 50.00 mL。

总而言之,测量结果所记录的数字,应与所用仪器测量的准确度相适应。

2. 有效数字中"0"的意义

"0"在有效数字中有两种意义:一种是作为数字定值,只表示小数点的位置;另一种是有 效数字。数字中间的"0"和末尾的"0"都是有效数字,而数字前面所有的"0"只起定值作用。 以"0"结尾的正整数,有效数字的位数不确定。例如 1 800 这个数,其有效数字位数,可能为 2 位、3 位、4 位(或无数位)。遇到这种情况,应根据实际有效数字书写成:

$$1.8 \times 10^3 \qquad 2 位有效数字$$
$$1.80 \times 10^3 \qquad 3 位有效数字$$
$$1.800 \times 10^3 \qquad 4 位有效数字$$

因此很大或很小的数,常用 10 的乘方表示。当有效数字确定后,在书写时一般只保留 一位可疑数字,多余数字按数字修约规则处理。

3. 数字修约规则

我国科学技术委员会正式颁布的《数字修约规则》,通常称为"四舍六入五成双"法则。 即当尾数 ≤4 时舍去,尾数 ≥6 时进位。当尾数为 5 时,则应视 5 前面的数字是奇数还是偶 数,若是偶数应将 5 舍去,若是奇数应将 5 进位;若 5 的后面还有不为"0"的任何数,则此时 无论 5 的前面是奇数还是偶数,均应进位。

4. 有效数字运算规则

(1) 加减法

在加减法运算中,保留有效数字以小数点后位数最小的为准,即以绝对误差最大的 为准。

(2) 乘除法

乘除运算中,保留有效数字的位数以有效数字位数最少的数为准,即以相对误差最大的 为准。

(3) 自然数法

在分析化学中,有时会遇到一些倍数和分数的关系,如:

$$H_3PO_4 的相对分子量 /3 = 98.00/3 = 32.67$$

$$水的相对分子量 = 2 \times 1.008 + 16.00 = 18.02$$

在这里分母"3"和"2×1.008"中的"2"都不能看作是一位有效数字。因为它们是非测量所得到的数,是自然数,其有效数字位数可视为无限。

1.6.4 实验数据的采集处理

1. 实验数据的采集

实验中直接观察得到的数据称为原始数据,它们应该直接记录在实验记录本上,不允许随意更改和删减。数据记录的格式可采用表格式。记录数据的有效数字位数应与所用仪器的最小读数相适应。实验结束后,应将实验数据仔细复核,报告指导教师后方可离开实验室。

2. 实验数据的处理

实验数据可用列表法、图解法等方式进行处理。化学分析数据常用列表法处理,其形式最为简洁。仪器分析数据常用图解法处理,比较简明直观。

(1) 列表法

列表法在一般化学分析实验中应用最为普遍,特别是原始实验数据的记录,简明方便。其方法是:在表格的上方标明实验的名称,表的横向表头列出实验号,纵向表头列出数据的名称,通常按操作步骤的顺序排列。

(2) 图解法

许多仪器分析法常用图形来表述实验结果,用图解法表述测量数据之间的关系往往比用文字表述更简明直观。它可用于以下情况:

① 用变量间的定量关系图求未知物含量,如外标法的标准曲线;

② 通过曲线外推法求值,如将标准加入法的工作曲线外求待测物的含量;

③ 求函数的极值或转折点,如利用可见-紫外吸收曲线找到最大吸收波长和计算摩尔吸光系数等;

④ 图解积分和微分,如色谱图上的峰面积等。

3. 实验数据采集处理中的注意事项

(1) 实验记录本与实验预习报告本共用,要将本子编上页码。

(2) 实验过程中的各种测量数据及有关现象应及时、准确而清楚地记录。

视频:Excel 在数据
处理中的应用

(3) 实验过程中涉及的各种特殊仪器的型号和标准溶液浓度等,也应及时准确记录下来。

(4) 要有严谨的科学态度,实事求是,切忌夹杂主观因素,决不能随意拼凑和伪造数据。

(5) 记录实验过程中的数据时,应注意根据测量仪器的精度来确定有效数字的位数。

(6) 实验记录上的每一个数据都是测量结果。所以,重复测定时,即使数据完全相同时也应记录下来。

(7) 发现数据算错、测错或读错而需要改动时,可将该数据用一横线划去,并在其上方写上正确的数字。

(8) 实验结果应以多次测定的平均值表示,同时还应给出测定结果的置信区间或标准偏差。

1.6.5　实验报告的基本格式

实验报告是对实验的提炼、归纳和总结,能进一步消化所学的知识、培养分析问题的能力。因此要重视实验报告的书写。

实验报告应先注明实验编号、实验名称、实验日期,根据具体实验的要求,还可记录实验时的温度及湿度等,然后按照下列内容写出实验报告。

(1) 实验目的:简要说明本实验的目标和要求。

(2) 实验原理:扼要叙述实验相关的原理,用文字和反应式表示。

(3) 实验内容:应简明扼要,可用流程图表示。

(4) 实验数据及处理:可用表格、图形将数据表示出来,并按一定公式计算出分析结果和分析结果精密度等。

(5) 问题及讨论:对实验中观察到的现象及实验结果进行分析和讨论。若实验失败,应寻找失败原因,总结经验教训,以提高自己实验操作的能力。

【实验报告示例】

样例:实验报告

实验 12　EDTA 溶液的配制和标定

实验日期:_____年___月___日　实验者:_____　学号:_____

一、实验目的

二、实验原理(扼要叙述)

三、实验内容

1. $0.02\ mol \cdot L^{-1}$ EDTA 溶液的配制

2. $0.02\ mol \cdot L^{-1}$ 标准钙溶液的配制

3. $0.02\ mol \cdot L^{-1}$ EDTA 溶液的标定

四、实验数据记录及处理

1. $0.02\ mol \cdot L^{-1}$ EDTA 溶液的配制

EDTA 的质量:_____g;EDTA 溶液的体积:_____mL。

2. $0.02\ mol \cdot L^{-1}$ 标准钙溶液的配制

$CaCO_3$ 的质量:_____g;Ca^{2+} 离子的浓度:_____mol $\cdot$ L^{-1}。

3. $0.02\ mol \cdot L^{-1}$ EDTA 溶液浓度的标定

表 1 - 2　$0.02\ mol \cdot L^{-1}$ EDTA 溶液浓度的标定数据记录表

记录项目 平行测定次数		I	II	III
EDTA 标定	终读数/mL			
	初读数/mL			
	EDTA 的体积/mL			
数据处理	$c_{(EDTA)}$ /mol $\cdot$ L^{-1}			
	$\bar{c}_{(EDTA)}$ /mol $\cdot$ L^{-1}			
	相对平均偏差/%			

五、讨论

　　内容可以是实验中发现的问题、误差分析、经验教训总结，对指导教师或实验室的意见和建议等。

六、思考题

第二章 定量分析基本操作、仪器及实验

§2.1 定量分析的一般步骤

一项定量分析工作的完成,通常包括:取样、试样的处理和分解、分离与富集、分析方法的选择和测定以及分析结果的计算和评价。

2.1.1 试样的采取和制备

试样的采取和制备原则是必须保证所取试样具有代表性,否则分析工作将毫无意义,甚至可能导致错误的结论。

试样种类繁多,形态各异,试样的性质和均匀程度也各不相同。因此,必须根据试样的状态、来源、性质、均匀程度来选择合适的采样方法和采样量。所采集的试样称为原始试样。采集到的原始试样量一般较大,且组成复杂而不均匀。因此,要将试样进行处理,以制备得到供分析用的最终试样。气体和液体样品一般比较均匀,混合后取少量用于分析即可。而对于固体试样(如矿石试样)则需经过多次破碎、过筛、混匀、缩分等步骤后,才能得到符合分析要求的待测试样。

2.1.2 试样的分解

许多分析工作是基于湿法分析,因此,需先将试样分解制成溶液再进行分析。在分解试样时,不应使待测组分挥发损失或引入干扰物质,必须注意使试样分解完全,处理后的溶液中不应残留原试样的固体微粒。

分解试样的方法很多,包括:溶解法、熔融法、半熔法、灰化法等。可根据试样的组成和特性、待测组分的性质及分析目的,选择合适的方法进行分解。

2.1.3 分离和富集

当试样共存组分对待测组分的测定有干扰时,应设法消除。一般可采用掩蔽法和控制测定条件来消除干扰;若达不到目的,则需将被测组分与干扰组分分离。对于试样中微量或痕量组分的测定,由于含量低于测定方法的检测限,需要富集后再测定。对于常量组分的分离和痕量组分的富集,要求分离、富集完全,回收率高,不带入新的干扰组分。

2.1.4 分析测定方法的选择

应根据待测组分的性质、含量和对分析结果准确度的要求,选择合适的分析方法。熟悉各种分析方法的原理和特点,以便依据它们的准确度、灵敏度、选择性以及适用范围等方面

的差异来选择合适的分析方法。

2.1.5　分析结果的计算和评价

将测量数据根据分析过程中有关化学反应计量关系,计算试样中有关组分的含量,并且对分析结果的可靠性和准确度做出合理的判断和正确的表达。

§2.2　分析天平

分析天平是化学实验中最主要、最常用的仪器之一,是一种十分精确的称量仪器,它的感量有 0.1 mg、0.01 mg 或 0.001 mg,用于比较精密的定量分析工作中称量,如药品的含量测定、对照品的称量、标准溶液的标定等。每一项定量分析测定都直接或间接地需要使用分析天平,在分析天平上进行称量的准确度对实验结果有重大影响,所以我们不仅要学会怎样使用它,而且对它的结构和性能也要有所了解,这样就可以避免因使用或保管不当而影响称量的准确性,甚至损伤分析天平的某些部件。

常用的分析天平有阻尼天平、半自动电光天平、全自动电光天平、单盘电光天平、电子天平等,这些天平在构造和使用方法上虽有些不同,但其称量原理基本相同。

2.2.1　分析天平的称量原理

各类分析天平都是根据杠杆原理制造的。图 2-1 为等臂天平原理示意图。对等臂天平,$L_1 = L_2$,将质量为 m_Q 的物体和质量为 m_P 的砝码分别放在天平的左右称盘上,即在 A、B 两力点上;当达到平衡时,根据杠杆原理,支点"O"两边的力矩相等,即 $W_Q \times L_1 = W_P \times L_2$($W_Q$ 和 W_P 分别为物体和砝码的重量)。

由于 $W_Q = m_Q \times g$,$W_P = m_P \times g$(g 为重力加速度),则:

$$m_Q \times g \times L_1 = m_P \times g \times L_2$$

又对于等臂天平,$L_1 = L_2$,则:

$$m_Q = m_P$$

由上可知,当等臂分析天平处于平衡状态时,砝码的质量等于被称物的质量。

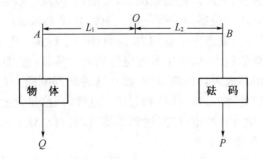

图 2-1　等臂天平原理

2.2.2　电子天平

电子天平是天平中最新发展的一种,是一般实验室配备的最常用的仪器,具有称量准确、灵敏度高、性能稳定、操作简便快速、使用寿命长等优点。电子天平称量时不需要砝码,放上被称物后,在几秒钟内即达到平衡,显示被称物质量,称量速度快,精度高,此外电子天平还具有自动检测、自动调零、自动校准、自动去皮、自动显示称量结果、超载保护等功能。由于电子天平具有电光天平无法比拟的优点,因此电子天平的应用越来越广泛,并逐渐取代电光天平。

1.　电子天平的基本结构和称量原理

随着现代科学技术的不断发展,电子天平产品的结构设计一直在不断改进和提高,向着功能多、平衡快、体积小、质量轻和操作简便的趋势发展。但就其基本结构和称量原理而言,各种型号的电子天平都是大同小异。其基本原理是利用电子装置完成电磁力补偿的调节,使被称物在重力场中实现力的平衡,或通过电磁力矩的调节,使物体在重力场中实现力矩的平衡。其结构是机电结合式,由荷载接受与传递装置、测量与补偿装置等部件组成。常见电子天平的基本结构及称量原理示意图如图 2-2 所示。

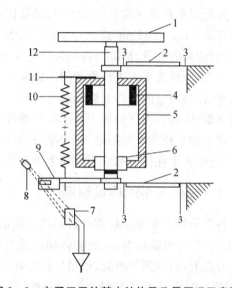

图 2-2　电子天平的基本结构及称量原理示意图

1. 称量盘　2. 平行导杆　3. 挠性支撑簧片　4. 线性绕组　5. 永久磁铁　6. 载流线圈　7. 接受二极管　8. 发光二极管　9. 光闸　10. 预载弹簧　11. 双金属片　12. 盘支撑

载荷接受与传递装置由称量盘、盘支撑、平行导杆等部件组成,它是接受被称物和传递载荷的机械部件。平行导杆是由上下两个三角形导向杆形成一个空间的平行四边形结构(从侧面看),以维持称量盘在载荷改变时进行垂直运动,并可避免称量盘倾倒。

载荷测量及补偿控制装置是对载荷进行测量,并通过传感器、转换器及相应的电路进行补偿和控制的部件单元。该装置是机电结合式的,既有机械部分,又有电子部分,包括示位器(接受二极管、发光二极管、光闸)、补偿线圈、永久磁铁,以及控制电路等部分。

电子装置能记忆加载前示位器的平衡位置。当称量盘上加载后,示位器发生位移并导致补偿线圈接通电流,线圈内就产生垂直的力,这种作用于称量盘上的外力使示位器准确地回到原来的平衡位置。载荷越大,线圈中通过电流的时间越长,通过电流的时间间隔是由通过平衡位置扫描的可变增益放大器来调节的,而且这种时间间隔与称量盘上所加载荷成正比。整个称量过程均由微处理器进行计算和调控。这样,当称量盘上加载后,即接通了补偿线圈的电流,计算器就开始计算冲击脉冲,达到平衡后,就自动显示出载荷的质量值。

2.　电子天平的分类和使用方法

按电子天平的精度可分为超微量电子天平(最大称量 2~5 g,其标尺分度值小于(最大)称量的 10^{-6})、微量天平(最大称量一般在 3~50 g,其标尺分度值小于(最大)称量的 10^{-5})、半微量天平(最大称量一般在 20~100 g,其标尺分度值小于(最大)称量的 10^{-5})、常量电子天平(最大称量一般在 100～200 g,其标尺分度值小于(最大)称量的 10^{-4})。按电子天平的结构可分为顶部承载式(下皿式)和底部承载式(上皿式)两类,目前常见的是上皿式电子天平,下面以 0.01 g 电子天平(见图 2-3)和 0.1 mg 电子天平(见图 2-4)为例简单介绍电子天平的使用方法。

视频:电子天平的使用

图 2-3　0.01 g 电子天平外形图　　**图 2-4　0.1 mg 电子天平外形图**

(1) 0.01 g 电子天平的使用方法

① 调水平　电子天平在使用前必须调整水平,使水平仪内气泡至圆环中央。

② 预热　电子天平在初次接通电源或长时间断电后,至少需要预热 60 min。为提高测量准确度,天平应保持待机状态。

③ 开机　接通电源,轻按"ON/OFF"键,接通电子天平进行自检。

④ 校正　首次使用电子天平必须校正,轻按校正键"CAL",当显示器出现"CAL-"时,立即松手,显示器就出现"CAL-100",其中"100"为闪烁码,表示校准砝码需用 100 g 的标准砝码。此时就将准备好的 100 g 校准砝码放在称盘上,显示器即出现"----"等待状态,经较长时间后显示器出现"100.00"g。拿去校准砝码,显示器应出现"0.00"g,若出现不是零,则再清零,再重复以上校准操作(注意:为了得到准确的校准结果,最好重复以上校准操作)。

⑤ 称量　按去皮键"TARE",显示为零后,置容器于秤盘上,这时显示器上数字不断变化,待数字稳定,即显示器左边的"0"标志熄灭后,显示值为容器质量。再按去皮键"TARE",显示零,即去皮重,置被称物于容器中,这时显示的是被称物的净质量。

⑥ 关机　轻按"ON/OFF"键,关机。

(2) 0.1 mg 电子天平的使用方法

与 0.01 g 电子天平的使用方法相类似。

① 检查并调整天平至水平位置。

② 按仪器要求通电预热至所需时间。

③ 打开天平开关,天平则自动进行灵敏度及零点调节。待稳定标志显示后,可进行称量。

④ 直接称量法称量时,将干燥洁净的容器或称量纸置于称盘上,关上侧门,轻按一下去皮键"TARE",显示"0.0000"后,打开天平门,缓慢加入试样,能快速得到连续读数值,当达到所需质量,关上天平门,显示器最左边"0"熄灭,这时显示的质量即为所需被称物的质量。当加入混合物时,可用去皮重法,对每种物质计净重。天平将自动校对零点,然后逐渐加入被称物,直到所需质量为止。

⑤ 减量法称量时,将洁净称量瓶置于称盘上,关上侧门,轻按一下去皮键"TARE",天平将自动校对零点,显示"0.0000"后,打开天平门,取出称量瓶向容器中敲出一定量的试样(见图 2-6),再将称量瓶置于秤盘上,如果显示质量(是"-"号)符合要求,即可记录,再按

去皮键"TARE",称取第二份试样。

⑥ 称量结束后应及时取走称量瓶(纸),关上侧门,切断电源,并做好使用情况登记。

3. 电子天平的维护与保养

(1) 将电子天平置于牢固平稳的工作台上,避免振动、气流及阳光照射,室内要求清洁、干燥及较恒定的温度。

(2) 经常查看水平仪,在使用前调整水平仪气泡至中间位置。电子天平应按说明书的要求进行预热。

(3) 称量时应从侧门取放物质,读数时应关闭箱门以免空气流动引起天平摆动。前门仅在检修或清除残留物质时使用。

(4) 称量易挥发和具有腐蚀性的物品时,要盛放在密闭的容器中,以免腐蚀和损坏电子天平。

(5) 电子天平必须小心使用,动作要轻、缓,经常对电子天平进行自校或定期外校,保证其处于最佳状态。

(6) 如果电子天平出现故障应及时检修,不可带"病"工作。电子天平不可过载使用,以免损坏天平。

(7) 电子分析天平若长时间不使用,则应定时通电预热,每周一次,每次预热 2 h,以确保仪器始终处于良好使用状态。

(8) 秤盘与外壳须经常用软布和牙膏轻轻擦洗,切不可用强溶剂擦洗。

(9) 天平箱内应放置吸潮剂(如硅胶)。若吸潮剂吸水变色,应立即高温烘烤更换,以确保其吸湿性能。

2.2.3 试样的称量方法

视频:称量方法

1. 直接称量法

对于不易吸湿、在空气中性质稳定的一些固体试样如金属、矿物等可采用直接称量法。其方法是:先准确称出容器或称量纸的质量 m_1,然后用药匙将一定量的试样置于容器或称量纸上,再准确称量出总质量 m_2,则 (m_2-m_1) 即为试样的质量。称量完毕,将试样全部转移到准备好的容器中。

如为电子天平,置容器或称量纸于秤盘上,待示值稳定后,按去皮键"TARE",显示零,即去皮重,再用药匙慢慢加试样,天平即显示所加试样的质量,直至天平显示所需试样的质量为止。

2. 减量称量法

对于易吸湿、在空气中不稳定的样品宜用减量法进行称量。其方法是:先将待称试样置于洗净并烘干的称量瓶中,保存在干燥器中。称量时,用干净的纸带套在称量瓶上(见图2-5),从干燥器中取出称量瓶,准确称量,装有样品的称量瓶质量为 m_3,然后将称量瓶置于洗净的盛放试样的容器上方,用一小块纸包住瓶盖,右手将瓶盖轻轻打开,将称量瓶倾斜,用瓶盖轻敲瓶口上方,使试样慢慢落入容器中(见图2-6)。当倾出的试样已接近所需要的质量时,慢慢将瓶竖起,再用称量瓶瓶盖轻敲瓶口上部,使粘在瓶口和内壁的试样落在称量瓶或容器中,然后盖好瓶盖(上述操作都应在容器上方进行,防止试样丢失),将称量瓶再放回天平盘,准确称量,记下质量 m_4,则 (m_3-m_4) 即为样品的质量。如此继续进行,可称取多份试样。如果倾出的试样量太少,则按上述方法再倒一些。如果倾出的试样质量超出所需称量范围,决不可将试样再倒回称量瓶中,只能弃之重新称量。

图 2-5 取放称量瓶的方法

图 2-6 倾倒试样的方法

3. 固定质量称量法

此法可用于称量不易吸湿且在空气中性质稳定的试样,方法是:先准确称出容器或称量纸的质量,然后根据所需试样的质量,先放好砝码,再用药匙慢慢加试样,直至天平平衡。

实验 1 分析天平的称量练习

一、实验目的

(1) 了解台秤、电光天平、电子天平的基本构造及使用规则,掌握天平的使用方法。

(2) 学会正确的称量方法,训练准确称取一定量的试样。

(3) 正确运用有效数字做称量记录和计算。

二、实验原理

利用杠杆原理制成的天平可称取某一物质的质量,可根据实际精度需要选用合适精度的天平,如托盘天平、0.01 g 电子天平、0.1 mg 电光天平或电子天平等。对于不易吸湿、在空气中性质稳定的一些固体样品如金属、矿物等可采用直接称量法;对于易吸湿、在空气中不稳定的样品宜用减量法进行称量,即两次称量之差就是被称物的质量。

三、实验仪器和试剂

1. 仪器

托盘天平和砝码或 0.01 g 电子天平,0.1 mg 电光天平或电子天平,称量瓶,烧杯,表面皿,药匙。

2. 试剂

固体粉末试样。

四、实验内容

1. 天平的检查

检查天平是否保持水平,如不在水平状态,调节水平螺丝至水平。天平盘是否洁净,若不干净可用软毛刷刷净。对电子天平,接通电源预热 60 min 后,轻按 ON 显示器键,等出现"0.000 0"g 称量模式后即可称量;对电光天平,缓慢开启天平升降旋钮,检查天平是否正常,调零,关闭天平。

2. 直接称量法称量练习

取两只洁净、干燥、并编号的 50 mL 小烧杯,用托盘天平或 0.01 g 电子天平分别粗称其质量,并采用有效数字记录质量 m_1、m_2。然后在 0.1 mg 电光天平或电子天平上精确称量,要求准确至 ±0.1 mg,分别记录其质量 m_3、m_4,比较 m_1 和 m_3、m_2 和 m_4 的差别,明确有效数字在记录实验数据中的重要性。

3. 减量称量法称量练习

从干燥器中,取一只装有固体粉末试样的称量瓶(切勿用手拿取,用干净的纸带套在称量瓶上,手拿取纸带,见图 2-5),准确称量并记录其质量 m_5。

用干净的纸带套在称量瓶上,手拿取纸带,再用一小块纸包住瓶盖,在小烧杯上方打开称量瓶,用瓶盖轻轻敲击称量瓶(见图 2-6),从称量瓶内转移 0.3～0.4 g 试样于 1 号小烧杯中,然后准确称量称量瓶和剩余试样的质量 m_6。以同样的方法再转移 0.3～0.4 g 试样于 2 号小烧杯中,再次准确称量称量瓶和剩余试样的质量 m_7,则 1 号小烧杯中试样的质量为($m_5 - m_6$),2 号小烧杯中试样的质量为($m_6 - m_7$)。

分别准确称量 1 号和 2 号小烧杯加入试样后的质量 m_8、m_9,则 1 号小烧杯中试样的质量为($m_8 - m_3$),2 号小烧杯中试样的质量为($m_9 - m_4$),要求从称量瓶中转移的试样质量与转移至小烧杯中的试样质量之间的绝对差值 ≤±0.4 mg,即($m_5 - m_6$)与($m_8 - m_3$)的质量差 ≤±0.4 mg,($m_6 - m_7$)与($m_9 - m_4$)的质量差 ≤±0.4 mg。若大于此值,实验不合要求。

4. 固定质量称量法称量练习

取一块洁净、干燥的表面皿,准确称量后按去皮键,等出现"0.000 0"g 称量模式后,将试样慢慢加到表面皿上,要求准确称取 0.500 0 g 试样($\Delta m \leqslant \pm 0.5$ mg)。

5. 称量后检查天平

称量结束后应检查天平是否关闭;天平盘上的物品是否取走;天平箱内及桌面上有无残留物等,若有要及时清理干净;天平罩是否罩好;凳子是否归位等等。

检查完毕后,在"仪器使用登记本"上签名登记,并记录天平运行情况。

五、实验数据记录及处理

1. 直接称量法

表 2-1 直接称量数据记录

记录项目	1 号小烧杯	2 号小烧杯
粗称质量/g	m_1	m_2
准确称量质量/g	m_3	m_4
结论		

2. 减量称量法

表 2-2　减量称量数据记录

记录项目	1	2
(称量瓶＋试样)质量/g	m_5	m_6
(称量瓶＋剩余试样)质量/g	m_6	m_7
移出试样质量/g	$m_5 - m_6$	$m_6 - m_7$
(烧杯＋试样)质量/g	m_8	m_9
空烧杯质量/g	m_3	m_4
烧杯中试样质量/g	$m_8 - m_3$	$m_9 - m_4$
绝对差值/g	$(m_5 - m_6) - (m_8 - m_3)$	$(m_6 - m_7) - (m_9 - m_4)$
结论		

3. 固定质量称量法

表 2-3　固定质量称量数据记录

被称物	试样质量/g	与指定质量差 Δm /g
试样		

六、思考题

(1) 试样的称量方法有几种？各如何操作？各有什么优缺点？各适宜于什么情况下选用？

(2) 用减量法称量试样时，若称量瓶内的试样吸湿，对称量结果造成什么误差？若试样倾入烧杯后再吸湿，对称量结果是否有影响？为什么？(此问题是指一般的称量情况)

(3) 称量时，能否用手直接拿取小烧杯或称量瓶？为什么？

(4) 使用天平时为什么要调整零点？是否每次都要调整？

(5) 操作分析天平时，为什么必须强调关闭天平后方可取放被称物或加减砝码？否则会引起什么后果？

(6) 在称量的记录和计算中，如何正确运用有效数字？

(7) 电子天平的使用规则有哪些？

§2.3　滴 定 分 析

2.3.1　移液管、吸量管及其使用方法

视频:常用容量仪
器及基本操作

移液管和吸量管是用来准确移取一定体积液体的量器(见图 2-7)，准确度与滴定管相当。移液管中部具有"胖肚"结构，无分刻度，两端细长，只有环行标线，"胖肚"上标有指定温度下的容积。常见的规格为 5 mL、10 mL、25 mL、50 mL 和 100 mL 等;在使液体自然放出时，最后因毛细作用总有一滴液体留在管口不能流出。这时不必用外力使之流出，因为校正移液管的容积时，就没有考虑这一滴

液体。放出该液体时把移液管的尖嘴靠在容器壁上,稍停片刻就可拿开。也有少数移液管,上面标有"吹"字,则放出液体时就要把管口的液体吹出。吸量管是有分刻度的直型玻璃管(见图 2-7),管的上端标有指定温度下的总容积。吸量管的容积有 1 mL、2 mL、5 mL 和 10 mL 等,可用来吸取不同容积的液体,一般只量取小体积的液体,其准确度比"胖肚"移液管稍差。量取液体时每次都是从上端 0.00 刻度开始,放至所需要的体积刻度为止。管上标有"吹""快"等字样,在使用它的全量程时,应将管尖残留的液滴立即吹入接受容器中并移开吸量管。

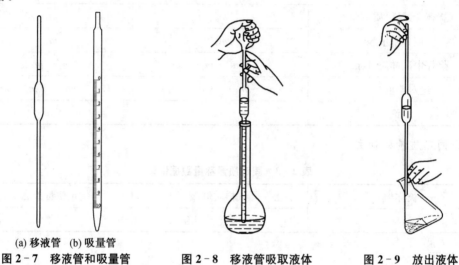

(a) 移液管   (b) 吸量管
图 2-7   移液管和吸量管   图 2-8   移液管吸取液体   图 2-9   放出液体

移液管(或吸量管)在使用前,依次用洗液、自来水、蒸馏水洗至内壁不挂水珠为止。最后用少量被量取的液体润洗三遍。吸取液体时,左手拿洗耳球,右手拇指及中指拿住移液管(或吸量管)的上端标线以上部位,使管下端伸入液面下约 1 cm,不应伸入太深,以免外壁沾有过多液体。也不应伸入太浅,以免液面下降时吸入空气。左手用洗耳球轻轻吸取液体,眼睛注意观察管中液面上升情况,移液管(或吸量管)则随容器中液体下降而向下移(图 2-8)。当液体上升到标线以上时,迅速用食指按住管口。将移液管(或吸量管)从液体内取出,靠在容器壁上,然后稍微放松食指,同时轻轻转动移液管(或吸量管),使标线以上的液体流回去。当液面的弯月面最低点与标线相切时,就按紧管口,使液体不再流出。取出移液管(或吸量管)移入接受容器中,仍使其出口尖端接触器壁,让接受容器倾斜而移液管保持直立。抬起食指,使液体自由地顺壁流下(图 2-9)。待液体全部流尽后,约等 15 s,取出移液管(或吸量管)。

2.3.2   容量瓶及其使用方法

在配制标准溶液或将溶液稀释至一定浓度时,我们往往要使用容量瓶。容量瓶是平底、细颈梨型瓶,瓶口带有磨口玻璃塞或塑料塞。颈上有环型标线,瓶体标有体积,一般表示 20℃时液体充满至刻度时的容积。常见的有 10 mL、25 mL、50 mL、100 mL、250 mL、500 mL 和 1 000 mL 等各种规格,此外还有 1 mL、2 mL、5 mL 的小容量瓶。容量瓶在洗涤前应先检查一下瓶塞是否漏水。容量瓶检漏方法:容量瓶中放入自来水,放到标线附近,塞好瓶塞后,左手按住瓶塞,右手把持住瓶底边缘(图 2-10),将容量瓶倒立片刻,观察瓶塞有无漏水现象。不漏水的容量瓶才能使用。按常规操作把容量瓶洗净。为避免打破瓶塞,应该用一根线绳把瓶塞系在瓶颈上。

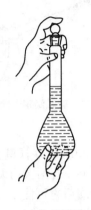

图 2-10 容量瓶的拿法

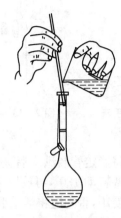

图 2-11 溶液从烧杯转移到容量瓶

在配制标准溶液前,应先将准确称量的固体试样在烧杯中溶解后转移到容量瓶中(图 2-11),并用蒸馏水多次洗涤烧杯和玻棒,将洗涤液也转移入容量瓶中,以保证溶质全部转移。缓慢地加入蒸馏水,加到接近标线 1 cm 处。等待 1~2 min,使附在瓶颈上的水流下。然后用洗瓶或滴管加入蒸馏水至标线(小心操作,勿过标线)。加水时,视线平视标线,直至溶液的弯月面与容量瓶的标线正好相切,盖好瓶塞。将容量瓶倒转,等气泡上升后,轻轻振荡。再倒转过来。重复操作多次,就能使容量瓶中溶液混合均匀。

假如要将一种已知其准确浓度的浓溶液稀释到另一准确浓度的稀溶液,则用移液管或吸量管吸取一定体积的浓溶液,放入适当的容量瓶中,然后按上述方法稀释至标线。

2.3.3 滴定管及其使用方法

滴定管是滴定分析中最基本的量器。常量分析用的滴定管有 50 mL 及 25 mL 等几种规格,它们的最小分度值为 0.1 mL,读数可估计到 0.01 mL;此外,还有容积为 10 mL、5 mL、2 mL、1 mL 的半微量和微量滴定管,最小分度值为 0.05 mL、0.01 mL、0.005 mL,它们的形状各异。滴定管可分为酸式和碱式两种,酸式滴定管的下端装有玻璃活塞,用来盛放酸性或具有氧化性溶液;碱式滴定管的下端用乳胶管连接一尖嘴小玻璃管,乳胶管内有一玻璃珠,用以控制溶液的流出,碱式滴定管用来装碱性溶液和无氧化性溶液。

目前市售的一种滴定管活塞是由高分子材料(聚四氟乙烯)制成的,具有酸式和碱式滴定管的功能,是一种通用型滴定管。

滴定管在洗涤前应检查是否漏水,玻璃活塞是否转动灵活。若碱式滴定管漏水则需要更换玻璃珠或橡皮管。

1. 活塞涂油

擦干活塞和活塞槽内壁,用手指蘸少量凡士林在活塞的两端涂上薄薄一层,注意在活塞孔的附近不能涂多,以免堵塞活塞孔(图 2-12)。涂完以后将活塞插入槽内,活塞孔应与滴定管平行(图 2-13)。向同一方向转动活塞,直至活塞中油膜均匀透明,若发现仍转动不灵活,或活塞内的油层出现纹路,表示涂油不够。如果有油从活塞缝隙溢出或挤入活塞孔,表示涂油太多。遇到这些情况,都必须将活塞和活塞槽擦干净后重新涂油。

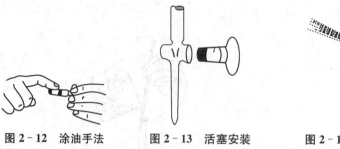 

图 2-12　涂油手法　　　图 2-13　活塞安装　　　图 2-14　碱式滴定管除气泡方法

2. 检漏

先关闭活塞,将滴定管装满水后夹在滴定管夹上,放置 2 min,观察管口及活塞两端是否有水渗出;将活塞转动 $180°$,再放置 2 min,观察是否有水渗出。若两次均无水渗出,活塞转动也灵活,即可使用,否则应将活塞取出,重新涂凡士林并检漏后方可使用。

3. 洗涤

滴定管使用前必须洗涤干净,要求滴定管洗涤到装满水后再放出时管内壁全部为一层薄水膜湿润而不挂水珠。当发现滴定管没有明显污染时,可以直接用自来水冲洗,或用滴定管刷蘸肥皂水刷洗,但要注意刷子不能露出铁丝,也不能向旁侧弯曲,以免划伤内壁。用自来水、蒸馏水等洗净之后,一定要再用滴定液润洗三次(每次 5~10 mL)。

4. 排除气泡

当滴定液装入滴定管时,出口管还没有充满溶液。此时将酸式滴定管倾斜约 $30°$,左手迅速打开活塞使溶液冲出,就能充满全部出口管。假如使用碱式滴定管,则把橡皮管向上弯曲,玻璃尖嘴斜向上方。用两指挤压玻璃珠,使溶液从出口管喷出,气泡随之逸出(图2-14)。

5. 读数

读数时滴定管必须保持垂直状态。注入或放出溶液后稍等 1~2 min,待附着于内壁的溶液流下后再开始读数。常量滴定管读数应读至小数点后第二位,如 22.62 mL、20.20 mL 等。读数时视线必须与液面保持在同一水平面。对于无色或浅色溶液,读它们的弯月面下缘最低点的刻度;对于深色溶液如高锰酸钾、碘水等,可读液面两侧最高点的刻度。为了帮助准确读出弯月面下缘的刻度可在滴定管后面衬一张"读数卡"。所谓"读数卡"就是一张黑纸或深色纸(约 3 cm×1.5 cm)。读数时将它放在滴定管背后,使黑色边缘在弯月面下方约 1 mm 左右,此时看到的弯月面反射层呈黑色(图2-15),读出黑色弯月面下缘最低点的刻度即可。若滴定管的背后有一条蓝线(或蓝带),无色溶液这时就形成了两个弯月面,并且相交于蓝线的中线上(图2-16),读数时读此交点的刻度;若为深色溶液,则读液面两侧最高点的刻度。

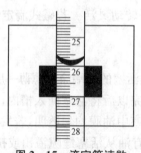 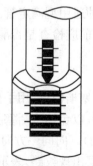

图 2-15　滴定管读数　　　　　图 2-16　蓝带滴定管读数

6. 滴定

将滴定管夹在滴定管夹上,酸式滴定管的活塞柄向右,滴定管保持垂直。在排出出口管中的气泡、调整好液面高度、并记录初读数之后,还要将挂在出口管尖处的残余液滴除去后才能开始滴定。将滴定管伸入烧杯或锥形瓶内,左手食指和中指从滴定管后方向右伸出,拇指在前方与食指及中指操纵活塞(图 2 - 17),使液滴逐滴加入。如果在烧杯内滴定,则右手持玻璃棒不断轻轻搅动溶液;如果在锥形瓶内滴定,则右手持瓶颈不断摇动,应向同一方向作圆周旋转,而不能前后振动,否则溶液会溅出(图 2 - 18)。每次滴定时最好都是将溶液装至滴定管的"0.00"毫升刻度或稍下一点,这样可以消除因滴定管上下刻度不均匀所引起的误差。滴定时速度的控制一般为开始时每秒 3~4 滴;接近终点时,应一滴一滴加入,并不停地摇动,仔细观察溶液的颜色变化;也可每次加半滴,加半滴时使溶液悬而不滴,让其沿器壁流入容器,再用少量去离子水冲洗内壁,并摇匀,仔细观察溶液的颜色变化,直至滴定终点为止,读取终读数,立即记录。注意:在滴定过程中左手不应离开滴定管,以防流速失控。实验结束后,倒出溶液,用自来水、蒸馏水顺序洗涤滴定管,将滴定管倒置,或装满蒸馏水,罩上滴定管盖,以备下次使用。

图 2 - 17　左手旋转活塞方法　　　　　**图 2 - 18　酸、碱式滴定管操作**

使用碱式滴定管时,左手拇指在前,食指在后,捏住橡皮管中的玻璃珠所在部位稍上处,无名指和小指夹住出口管。向左或向右捏挤橡皮管,使其与玻璃珠之间形成一条缝隙,溶液即可流出。注意不能捏挤玻璃珠下方的橡皮管,否则空气会进入而形成气泡,产生误差。

2.3.4　容量器皿的校准

容量器皿的容积与其标示的容积并非完全相符合。因此,在准确度要求较高的分析工作中,必须对容量器皿进行校准。

由于玻璃具有热胀冷缩的特性,在不同的温度下容量器皿的体积也有所不同。因此,校准玻璃容量器皿时,必须规定一个共同的温度值,这一规定温度为标准温度。国际上规定玻璃容量器皿的标准温度为 20℃,即在校准时都将玻璃容量器皿的容积校准到 20℃时的实际容积。容量器皿常采用两种校准方法。

1. 绝对校准

滴定管、容量瓶、移液管的实际容积往往采用称量校准方法。原理为:称取量器中所放出或所容纳 H_2O 的质量,并根据该温度下 H_2O 的密度,计算出该量器在 20℃(玻璃量器的标准温度)时的容积。但是,由质量换算成容积时必须考虑 H_2O 的密度、空气浮力、玻璃的膨胀系数三个方面的影响,为了方便计算,将上述三种因素综合考虑,得到一个总校准值。经总校准后的纯水密度列于表 2-4。

表 2-4　不同温度下纯水的密度值

温度/℃	密度/(g·mL^{-1})	温度/℃	密度/(g·mL^{-1})	温度/℃	密度/(g·mL^{-1})
0	0.998 2	14	0.998 0	28	0.995 4
1	0.998 3	15	0.997 9	29	0.995 1
2	0.998 4	16	0.997 8	30	0.994 8
3	0.998 4	17	0.997 6	31	0.994 7
4	0.998 5	18	0.997 5	32	0.994 3
5	0.998 5	19	0.997 3	33	0.994 1
6	0.998 5	20	0.997 2	34	0.993 8
7	0.998 5	21	0.997 0	35	0.993 4
8	0.998 5	22	0.996 8	36	0.993 1
9	0.998 4	23	0.996 6	37	0.992 8
10	0.998 4	24	0.996 4	38	0.992 5
11	0.998 3	25	0.996 1	39	0.992 1
12	0.998 2	26	0.995 9	40	0.991 8
13	0.998 1	27	0.995 6		

*（空气密度为 0.001 2 g·mL^{-1},钙钠玻璃体膨胀系数为 2.6×10^{-5}℃$^{-1}$）

实际应用时,只要称出被校准的容量器皿容纳和放出纯水的质量,再除以该温度时纯水的密度值,便是该容量器皿在 20℃时的实际容积。

【例 2-1】　在 18℃,某一 25 mL 移液管量出纯水质量为 24.93 g,计算该移液管在 20℃时量出的实际体积。

解:查表 2-4 得 18℃时水的密度为 0.997 5 g·mL^{-1},所以在 20℃时移液管量出的实际体积 V_{20} 为:

$$V_{20} = \frac{24.93 \text{ g}}{0.997 \text{ } 5 \text{ g·mL}^{-1}} = 24.99 \text{ mL}$$

容量器皿是以 20℃为标准温度来校准的,但使用时的温度不一定在 20℃,因此容量器皿的容积以及溶液的体积都会发生变化,需要对温度进行校正。由于玻璃的膨胀系数很小,在温度相差不大时,容量器皿的容积改变可以忽略。因此溶液的体积改变则与溶液密度有关,可以通过溶液密度来校准温度对溶液体积的影响,稀溶液的密度一般可用相应的水密度来代替。

【例 2-2】　在 10℃时滴定用去 25.00 mL 浓度为 0.100 0 mol·mL^{-1}的标准溶液,问 20℃时其实际体积应为多少毫升?

解:0.100 0 mol·L^{-1}稀溶液的相对密度可用纯水的相对密度代替,查表 2-4 得水在 10℃时相对密度为 0.998 4 g·mL^{-1},20℃时水的相对密度为 0.997 2 g·mL^{-1},则 20℃溶液的体积为：

$$V_{20} = \frac{25.00\ \text{mL} \times 0.998\ 4\ \text{g} \cdot \text{mL}^{-1}}{0.997\ 2\ \text{g} \cdot \text{mL}^{-1}} = 25.03\ \text{mL}$$

在化学实验室中一般需要进行滴定管的绝对校正。滴定管的绝对校正是在一已称量的碘量瓶中用被校正滴定管每次放入约 10 mL（不一定为 10.00 mL，但必须准确读数）纯水，准确称出水的质量，按表 2-4 水的密度值计算出该段滴定管的准确体积，然后绘制一系列校正曲线作为以后实验的参考值。

2. 相对校准

在实际工作中，容量瓶和移液管常常是配合使用的。例如，要用 25 mL 移液管从 250 mL 容量瓶中取 1/10 容积的液体，则移液管与容量瓶的容积比只要 1∶10 就行了。此时，可采用相对校准的方法。其步骤如下：使用移液管准确移取 25 mL 去离子水，放入已洗净、干燥的 250 mL 容量瓶中。重复移取 10 次后，观察溶液的弯月面是否与容量瓶的标线正好相切，否则，应另作一标线。相对校准后的容量瓶和移液管，应贴上标签，以便以后更好地配套使用。

实验 2　容量器皿的校准

一、实验目的

（1）学习滴定管、移液管及容量瓶的使用方法。

（2）练习滴定管、移液管及容量瓶的校准方法，了解容量器皿校准的意义。

二、实验原理

滴定管、移液管及容量瓶是滴定分析时所用的三种主要量器。目前国内生产的玻璃容量器皿，其准确度可以满足一般分析工作的需要，可无须校准而直接使用。但由于玻璃容量器皿在生产过程中因材质等多种原因，其容积和标称体积有时不能完全准确相符，因此，在准确度要求较高的分析工作中，必须对以上三种量器进行校正。

容量器皿常采用两种校准方法：绝对校准和相对校准。

1. 绝对校准

绝对校准是测定容量器皿的实际容积，其原理是用天平称量容量器皿中所容纳或放出的水的质量，根据水在当时室温下的密度（见表 2-4）计算出该量器在 20℃时的容积。

2. 相对校准

许多定量分析实验要用容量瓶配制相关试剂的溶液，再用移液管移取一定体积比的试液供测试用。为保证移出样品的体积比准确，就必须进行容量瓶和移液管的相对校正，相对校准的方法参见 2.3.4。经互相校准后，移液管与容量瓶可配套使用。

三、实验仪器

酸式滴定管，移液管（25 mL），干燥容量瓶（100 mL），干燥锥形瓶或碘量瓶（50 mL），0.01 g 电子天平。

四、实验内容

1. 滴定管的校准

称量洁净且干燥的 50 mL 小锥形瓶或碘量瓶，记录质量。将纯水装入已洗净的滴定管中，调整液面至 0.00 mL 刻度处，然后按约 10 mL·min^{-1} 的流速，先放出约 10.00 mL 的水于上述已称量的小锥形瓶或碘量瓶中，再称量，两次质量之差即为水的质量。

按照上述方法，每次以 10.00 mL 间隔为一段进行校正。校正 0.00～10.00 mL、0.00～20.00 mL、0.00～30.00 mL、0.00～40.00 mL、0.00～50.00 mL 间隔容积，按表 2-5 记录。根据称得每段滴定管放出的水质量，查表 2-4 并计算出滴定管中某一段体积的实际体积数。

【例 2-3】 25℃时由滴定管放出 10.10 mL 水，称得其质量为 10.08 g，查表 2-4 得：25℃时水的密度 $\rho_{H_2O}=0.9961$ g·mL^{-1}，计算这一段滴定管的实际体积为：

$$\frac{10.08\ g}{0.9961\ g\cdot mL^{-1}} = 10.12\ mL$$

故滴定管这段容积的校准值＝实际值－表观值＝(10.12－10.10)＝＋0.02(mL)。现将温度为 25℃时酸式滴定管校准的一套实验数据列入表 2-5 中，供实验记录和实验报告参考。

2. 移液管的校准

用洁净的 25 mL 移液管准确移取 25.00 mL 纯水，放入已称量的小锥形瓶或碘量瓶中再称量，根据水的质量计算该温度时的实际体积。同一支移液管校准两次，两次的称量差值不得超过 20 mg，否则重新做校准。测定数据记录于表 2-6 中。

3. 移液管和容量瓶的相对校准

用 25 mL 移液管与 100 mL 容量瓶做相对校正时，事先应将容量瓶洗净且晾干，然后用 25 mL 移液管准确移取 4 次 25.00 mL 纯水放入容量瓶中，观察纯水的弯月面的位置，如与标线一致，则合乎要求，否则应另做一记号。

五、实验数据记录及处理

1. 滴定管的校准

表 2-5　25℃时酸式滴定管校准数据

滴定管读数/mL	表观容积/mL	瓶与水的质量/g	水的质量/g	实际容积/mL	校准值/mL	累计校准值/mL
0.03		29.20(空瓶)				
10.13	10.10	39.28	10.08	10.12	+0.02	+0.02
20.10	9.97	49.19	9.91	9.95	−0.02	0.00
30.07	9.97	59.18	9.99	10.03	+0.06	+0.06
40.02	9.95	69.11	9.93	9.97	+0.02	+0.08
49.96	9.94	78.99	9.88	9.92	−0.02	+0.06

注：水温 25℃，$\rho_{H_2O}=0.9961$ g·mL^{-1}。

2. 移液管的校准

表 2-6　移液管的校准数据记录

水温=_____℃　　　　　　ρ_{H_2O}=_____g·mL^{-1}

测定次数	移液管容积/mL	空瓶的质量/g	瓶与水的质量/g	水的质量/g	实际容积/mL	校准值/mL
I						
II						

六、思考题

(1) 容量器皿校准的主要影响因素有哪些?

(2) 从滴定管放出纯水到称量用的锥形瓶中,应注意哪些事项?

(3) 100 mL 容量瓶,如果与标线相差 0.40 mL,此体积的相对误差为多少? 分析试样时,称取试样 0.500 0 g,溶解后定量转入容量瓶中,移取 25.00 mL 测定,体积误差为多少?

2.3.5　酸碱滴定实验

滴定分析是定量分析中一类重要的分析方法,包括酸碱滴定法、沉淀滴定法、配位滴定法和氧化还原滴定法。滴定分析法具有分析速度快、测量准确的特点(通常相对误差可以控制在±0.1%以内),适用于常量组分(被测组分含量>1%)的分析,在生产、环保、科研等领域具有广泛的用途。

酸碱滴定法又叫中和法,是以酸碱反应为基础的滴定分析法。在酸碱滴定中常采用强酸、强碱溶液作为滴定剂。酸碱物质能否准确滴定,可根据 $cK \geqslant 10^{-8}$ 判别式进行判断。水溶液中不能准确滴定的弱酸、弱碱物质,常常采用强化方法进行,如非水滴定法、H_3BO_3 甘露醇法、铵盐甲醛法、浓盐体系法、直线法、沉淀法、混合溶剂滴定法等。

下面以盐酸和氢氧化钠的相互滴定为例,来阐述滴定分析的基本概念、溶液配制的方法以及滴定分析的计算方法。

1. 滴定分析基本概念

图 2-19 给出了 0.1 mol·L^{-1}NaOH 溶液滴定 20 mL 0.1 mol·L^{-1} HCl 溶液的滴定过程中 pH 变化曲线——滴定曲线,由图 2-19 可以清楚地看出溶液的 pH 经历了三个不同的变化阶段,即开始的缓慢上升、中间的急剧上升和最后的维持基本不变阶段,在中间阶段值得关注的有 A、B、C 三点,C 点 pH=7.00,V(NaOH)=20.00 mL,称为化学计量点,此时 NaOH 与 HCl 恰好完全反应;A 点 pH=4.30,V(NaOH)=19.98 mL,相对于 C 点来说,体积测量误差为 -0.1%;B 点

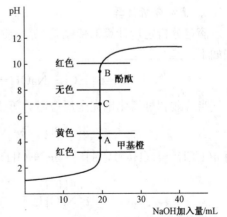

图 2-19　0.1 mol·L^{-1}NaOH 溶液滴定 20 mL 0.1 mol·L^{-1}HCl 溶液的滴定曲线

$pH=9.70, V(NaOH)=20.02$ mL,相对于 C 点来说,体积测量误差为$+0.1\%$;从图 2-19 中可以看出,在化学计量点前 0.1%(A 点)和化学计量点后 0.1%(B 点)溶液的 pH 发生了突变,我们把化学计量点前后$\pm0.1\%$相对误差范围内溶液 pH 的突变称为酸碱滴定的突跃范围。

若以 0.1 mol $\cdot$ L^{-1} HCl 溶液滴定 20 mL 0.1 mol $\cdot$ L^{-1} NaOH 溶液,滴定曲线走势相反,突跃 pH 范围为 $9.70 \sim 4.30$。

突跃范围是选择指示剂的重要依据,只要我们所选择的指示剂变色范围落在或部分落在突跃范围内,滴定分析的准确度就可以得到保证。酸碱滴定到指示剂颜色刚好发生改变的这一点称为滴定终点。由于滴定终点与化学计量点不一致所造成的误差称为终点误差。

2. 标准溶液的配制

实验中我们把具有已知准确浓度的溶液称为标准溶液,通常标准溶液有两种配制方法,即直接法和间接法(也叫标定)。

所谓直接法配制标准溶液就是首先用分析天平准确称取一定量基准物质,经过溶解、定量转移等操作,最后在容量瓶中配制成一定体积的溶液(称定容),根据基准物质的质量、所配溶液的体积,计算出标准溶液的准确浓度。

所谓间接法配制标准溶液就是首先根据计算配制一近似浓度的溶液,然后取一定量的近似浓度溶液与某一基准物质或标准溶液进行滴定分析,通过化学计量关系计算其准确浓度。

所谓基准物质就是用来直接配制标准溶液或标定溶液浓度的试剂。作为基准物质的试剂必须满足如下条件:

(1)试剂的组成应与化学式完全相符。若含结晶水,其结晶水的含量也应与化学式相符。

(2)试剂的纯度要足够高,一般要求其纯度应在 99.9% 以上。

(3)试剂在常温下应该很稳定。

(4)试剂最好有比较大的摩尔质量。

(5)试剂参加反应时,应按化学反应方程式定量进行而没有副反应。

3. 滴定分析计算

滴定分析定量计算的依据是"等物质的量关系",以盐酸和氢氧化钠反应为例,其反应方程如下:

$$HCl + NaOH == NaCl + H_2O$$

当盐酸和氢氧化钠完全反应时,"等物质的量关系"为:

$$n(HCl) = n(NaOH)$$

而 $n(HCl) = c(HCl)V(HCl), n(NaOH) = c(NaOH)V(NaOH)$,所以有:

$$\frac{c(HCl)}{c(NaOH)} = \frac{V(NaOH)}{V(HCl)}$$

实验 3　滴定分析基本操作练习

一、实验目的

(1) 明确滴定分析的基本概念以及指示剂选择的原则。
(2) 了解标准溶液配制的两种方法。
(3) 初步练习滴定分析的基本操作。

视频：滴定
分析操作

二、实验原理

滴定分析是分析化学中最常用的定量方法，是将一种已知准确浓度的标准溶液（即滴定剂）从滴定管滴加到一定量的被测物质溶液中，直到两者按化学计量式反应完全为止，然后根据所消耗的标准溶液的体积和浓度，计算被测物质含量的一种分析方法。因此，在滴定分析实验中，必须学会标准溶液的配制及标定、滴定管的正确操作和滴定终点的准确判断。

本实验以 HCl 和 NaOH 的相互滴定为例，通过 HCl 标准溶液和 NaOH 标准溶液的配制及相互滴定，练习滴定分析基本操作。

因为浓 HCl 易挥发，NaOH 易吸收空气中的水分和 CO_2，所以不能用直接法配制，而只能先配制近似浓度的溶液，再用适当的基准物或另一已知准确浓度的标准溶液标定其准确浓度。

$0.1\ mol \cdot L^{-1}$ HCl 溶液和 $0.1\ mol \cdot L^{-1}$ NaOH 溶液的滴定反应，化学计量点的 pH 为 7.00，滴定的 pH 突跃范围为 4.30～9.70（见图 2 - 19），应当选用在此范围内变色的指示剂，如甲基橙（pH 变色范围为 3.1～4.4；酸色是红色，碱色是黄色）；酚酞（pH 变色范围为 8.0～9.6；酸色是无色，碱色是红色）。由于人眼对颜色观察的敏锐程度不同，因此当 NaOH 溶液滴定 HCl 溶液时，通常以酚酞为指示剂，当溶液被滴至粉红色（pH≈9.0）时即为滴定终点，此时相对误差 $|RE| \leqslant 0.1\%$，准确度得到保证。若以 HCl 溶液滴定 NaOH 溶液时，通常以甲基橙作为指示剂，当滴定至橙色（pH≈4.0）时，终点误差约为 0.2%。

滴定分析中所用的指示剂绝大多数是可逆的，甲基橙和酚酞也是可逆的酸碱指示剂，因此学生可反复练习滴定操作和判断滴定终点颜色的变化，以提高学生的滴定基本操作技能和正确判断滴定终点的能力。

三、实验仪器和试剂

1. 仪器

烧杯，玻璃棒，台秤或 0.01 g 电子天平，量筒，移液管，洗耳球，酸式滴定管，碱式滴定管，锥形瓶。

2. 试剂

氢氧化钠，浓盐酸（密度 $1.19\ g \cdot mL^{-1}$），0.1%甲基橙水溶液，0.2%酚酞乙醇溶液。

四、实验内容

1. 溶液配制

(1) $0.1\ mol\cdot L^{-1}$ HCl 溶液的配制

根据 $0.1\ mol\cdot L^{-1}$ HCl 需要用量以及浓盐酸的浓度计算所需要的浓盐酸的体积,以蒸馏水稀释,选择适当玻璃仪器进行配制。

(2) $0.1\ mol\cdot L^{-1}$ NaOH 溶液的配制

根据 $0.1\ mol\cdot L^{-1}$ NaOH 需要用量计算所需要的 NaOH 的质量,以蒸馏水溶解、稀释,选择适当玻璃仪器进行配制。

2. 盐酸和氢氧化钠溶液的相互滴定

(1) $0.1\ mol\cdot L^{-1}$ HCl 滴定 $0.1\ mol\cdot L^{-1}$ NaOH(甲基橙为指示剂)

将上述所配 $0.1\ mol\cdot L^{-1}$ HCl 溶液和 $0.1\ mol\cdot L^{-1}$ NaOH 溶液按要求分别装入酸式滴定管和碱式滴定管,并调整初读数在零刻度附近,记下初读数。从碱式滴定管放出 20 mL 左右 $0.1\ mol\cdot L^{-1}$ NaOH 溶液至洁净的锥形瓶中,加入 1 滴 0.1%甲基橙指示剂,然后用 $0.1\ mol\cdot L^{-1}$ HCl 溶液进行滴定,直至溶液呈橙色为终点,最后分别记录滴定管中 HCl 溶液和 NaOH 溶液的终读数,平行测定三次,要求三次测定结果相对平均偏差≤±0.2%,否则应重做。

(2) $0.1\ mol\cdot L^{-1}$ NaOH 滴定 $0.1\ mol\cdot L^{-1}$ HCl(酚酞为指示剂)

按要求用移液管移取 25.00 mL 上述所配 $0.1\ mol\cdot L^{-1}$ HCl 溶液至锥形瓶中,加 1 滴 0.2%酚酞指示剂,用 $0.1\ mol\cdot L^{-1}$ NaOH 溶液滴定至粉红色(半分钟之内不褪色)为终点,记录滴定管中 NaOH 溶液的终读数,平行测定三次,要求三次测定结果相对平均偏差≤0.2%,否则应重做。

五、实验数据记录及处理

1. 溶液配制

配制 $0.1\ mol\cdot L^{-1}$ HCl 溶液_____mL,量取浓 HCl _____mL。

配制 $0.1\ mol\cdot L^{-1}$ NaOH 溶液_____mL,称取固体 NaOH _____g。

2. 盐酸和氢氧化钠溶液的相互滴定

(1) $0.1\ mol\cdot L^{-1}$ HCl 滴定 $0.1\ mol\cdot L^{-1}$ NaOH(甲基橙为指示剂)

表 2-7　盐酸溶液滴定氢氧化钠溶液数据记录

内　容	数据　次　数	Ⅰ	Ⅱ	Ⅲ
NaOH 溶液	终读数/mL			
	初读数/mL			
	净体积/mL			
HCl 滴定	终读数/mL			
	初读数/mL			
	净体积/mL			

（续表）

内　容	数　据	次　数 I	II	III
数据处理	体积比 $\dfrac{V(\text{NaOH})}{V(\text{HCl})}$			
	体积比平均值			
	体积比相对平均偏差/%			

（2）0.1 mol·L⁻¹NaOH 滴定 0.1 mol·L⁻¹HCl（酚酞为指示剂）

表 2-8　氢氧化钠溶液滴定盐酸溶液数据记录

内　容	数　据	次　数 I	II	III
	HCl 溶液体积/mL	25.00	25.00	25.00
NaOH 滴定	终读数/mL			
	初读数/mL			
	净体积/mL			
数据处理	体积比 $\dfrac{V(\text{NaOH})}{V(\text{HCl})}$			
	体积比平均值			
	体积比相对平均偏差/%			

六、思考题

（1）为什么 HCl 和 NaOH 标准溶液一般都用间接法配制，而不用直接法配制？

（2）影响酸碱滴定突跃范围的因素有哪些？

（3）在滴定分析中，滴定管、移液管为什么要用标准溶液润洗内壁 2～3 次？测定中使用的锥形瓶或烧杯是否要用干燥的？要不要用标准溶液润洗？为什么？

（4）在每次测定完之后，为什么要将标准溶液再加至滴定管零点或近零点，然后进行第二次滴定？

（5）溶解样品或稀释溶液时，所加水的体积是否精确量取，为什么？一般用什么量器？

（6）用 NaOH 溶液滴定 HCl 溶液时，用酚酞作指示剂，要求滴定至粉红色（半分钟之内不褪色）为终点。在终点时，酚酞为什么会褪色？

（7）比较并说明用甲基橙作为指示剂和用酚酞作为指示剂所得到的两次体积比的大小关系。

（8）如果使用了吸收空气中的 CO_2 的 NaOH 标准溶液滴定 HCl，以甲基橙为指示剂，其结果是否会受到影响？若用酚酞为指示剂又如何？试解释之。

实验 4　盐酸溶液的配制与标定

一、实验目的

（1）理解标准溶液的两种配制方法。

（2）熟悉标定盐酸溶液常用的基准物质。

（3）学习减量法称量操作，进一步练习滴定分析的基本操作。

二、实验原理

盐酸作为一种挥发性酸是不能采用直接法配制标准溶液的，实验 3 中我们已经配制了浓度近似为 $0.1\ \text{mol} \cdot \text{L}^{-1}$ HCl 溶液，本实验以 Na_2CO_3 作为基准物质来标定盐酸溶液的浓度。Na_2CO_3 是二元碱，与盐酸反应时有两个化学计量点，第一化学计量点（pH≈8.3）和第二化学计量点（pH≈3.9），相对于第一化学计量点附近的突跃，第二化学计量点附近的突跃比较明显，因此可选用甲基橙作为指示剂。但要注意滴定过程中要不断摇动锥形瓶以驱除反应生成的 CO_2，防止终点提前到达。

当以甲基橙为指示剂时，碳酸钠与盐酸反应如下：

$$Na_2CO_3 + 2HCl = 2NaCl + H_2CO_3 \\ \qquad\qquad\qquad\qquad\quad \longrightarrow H_2O + CO_2 \uparrow$$

当盐酸和碳酸钠完全反应时，"等物质的量关系"为：

$$n(Na_2CO_3) = \frac{1}{2}n(HCl)$$

而 $n(Na_2CO_3) = \dfrac{m(Na_2CO_3)}{M(Na_2CO_3)}$，$n(HCl) = c(HCl) \cdot V(HCl)$，所以有：

$$\frac{m(Na_2CO_3)}{M(Na_2CO_3)} \times 10^3 = \frac{1}{2}c(HCl) \cdot V(HCl)$$

即：
$$c(HCl) = \frac{2m(Na_2CO_3)}{M(Na_2CO_3) \cdot V(HCl)} \times 10^3$$

式中：$c(HCl)$ 为盐酸浓度，$\text{mol} \cdot \text{L}^{-1}$；$m(Na_2CO_3)$ 为 Na_2CO_3 质量，g；$M(Na_2CO_3)$ 为 Na_2CO_3 摩尔质量，$\text{g} \cdot \text{mol}^{-1}$；$V(HCl)$ 为滴定消耗盐酸体积，mL。

三、实验仪器和试剂

1. **仪器**

量筒，酸式滴定管，0.1 mg 分析天平，称量瓶，锥形瓶。

2. **试剂**

浓盐酸（密度 $1.19\ \text{g} \cdot \text{mL}^{-1}$），0.1% 甲基橙水溶液，$Na_2CO_3$（分析纯，在 270℃ 下干燥 2~3 h，贮于干燥器中）。

四、实验内容

1. $0.1\ \text{mol} \cdot \text{L}^{-1}$ HCl 溶液的配制

参见实验 3。

视频：盐酸浓
度的标定

2. 0.1 mol·L⁻¹ HCl 溶液的标定

用"减量法"准确称量 0.11~0.15 g 已烘干的无水碳酸钠基准物质至锥形瓶中,加 25 mL 蒸馏水溶解,同时加 1 滴 0.1% 甲基橙指示剂,用欲标定的 HCl 溶液滴定至溶液由黄色刚好变橙色即为终点,临近终点时注意剧烈摇动锥形瓶以驱除反应生成的二氧化碳,记录滴定时消耗的 HCl 体积,平行测定三次,要求三次测定结果相对平均偏差≤0.2%,否则应重做。

五、思考题

(1) 标定 HCl 溶液的物质除了用 Na_2CO_3 外,还可以用何种基准物质? 写出有关反应并列出"等物质的量关系"。

(2) 实验中称取 Na_2CO_3 基准物质质量为 0.11~0.15 g,其依据是什么?

(3) 盛放 Na_2CO_3 的锥形瓶是否需要预先烘干? 加入的水量是否需要十分准确?

实验 5 氢氧化钠溶液的配制与标定

一、实验目的

(1) 进一步了解标准溶液的两种配制方法。

(2) 熟悉标定氢氧化钠溶液常用的基准物质。

(3) 掌握减量法称量操作和滴定分析的基本操作。

二、实验原理

由于氢氧化钠在空气中很容易吸收水分,易与空气中的二氧化碳发生反应,故氢氧化钠不能采用直接法配制标准溶液。实验 3 中我们已经配制了浓度近似为 0.1 mol·L⁻¹ NaOH 溶液,本实验以邻苯二甲酸氢钾(简称 KHP)作为基准物质来标定氢氧化钠溶液的浓度。

当以酚酞为指示剂时,邻苯二甲酸氢钾与氢氧化钠反应如下:

当邻苯二甲酸氢钾与氢氧化钠完全反应时,"等物质的量关系"为:

$$n(KHP) = n(NaOH)$$

而 $n(KHP) = \dfrac{m(KHP)}{M(KHP)}$,$n(NaOH) = c(NaOH) \cdot V(NaOH)$,所以有:

$$\frac{m(KHP)}{M(KHP)} \times 10^3 = c(NaOH) \cdot V(NaOH)$$

即:

$$c(NaOH) = \frac{m(KHP)}{M(KHP) \cdot V(NaOH)} \times 10^3$$

式中：$c(NaOH)$ 为 NaOH 浓度，$mol \cdot L^{-1}$；$m(KHP)$ 为邻苯二甲酸氢钾质量，g；$M(KHP)$ 为邻苯二甲酸氢钾摩尔质量，$g \cdot mol^{-1}$；$V(NaOH)$ 为滴定消耗 NaOH 体积，mL。

三、实验仪器和试剂

1. 仪器

台秤或 0.01 g 电子天平，烧杯，玻璃棒，碱式滴定管，0.1 mg 分析天平，称量瓶，量筒，锥形瓶。

2. 试剂

NaOH，0.2%酚酞乙醇溶液，邻苯二甲酸氢钾(KHP，120℃下干燥 2 h，贮于干燥器中)。

四、实验内容

1. 0.1 mol·L⁻¹NaOH 溶液的配制

参见实验 3。

2. 0.1 mol·L⁻¹NaOH 溶液的标定

视频：NaOH 溶液的配制与标定

用"减量法"称量 0.4～0.5 g 已烘干的邻苯二甲酸氢钾基准物质至洁净的锥形瓶中，加 25 mL 蒸馏水溶解，同时加 1 滴 0.2%酚酞指示剂，用欲标定的 NaOH 溶液滴定至粉红色且半分钟之内不褪色即为终点，记录滴定时消耗的 NaOH 体积，平行测定三次，要求三次测定结果相对平均偏差≤0.2%，否则应重做。

五、思考题

(1) 溶解基准物质时加入 25 mL 蒸馏水，是用量筒量取，还是用移液管移取？为什么？

(2) 若以吸收了水分的邻苯二甲酸氢钾(KHP)标定 NaOH，其结果偏高还是偏低？为什么？

(3) 以邻苯二甲酸氢钾为基准物质标定 0.1 mol·L⁻¹NaOH 溶液时，为什么用酚酞作指示剂？

实验 6　有机酸含量的测定

一、实验目的

(1) 强碱滴定弱酸的反应原理及指示剂的选择。

(2) 学会有机酸总酸度的测定方法。

二、实验原理

有机酸大多是固体弱酸，如果它易溶于水，且溶液无色，同时也符合弱酸的滴定条件，则可以在水溶液中用标准碱来直接滴定，反应产物为强碱弱酸盐。本实验以白醋为例，介绍测定有机酸[1]总酸度的方法。白醋中酸的主要成分是醋酸，此外还含有少量其他弱酸，呈弱酸性。由于滴定突跃出现在弱碱性范围内，可选择酚酞为指示剂，用 NaOH 标准溶液滴定。

三、实验仪器和试剂

1. 仪器

容量瓶,移液管,锥形瓶,碱式滴定管。

2. 试剂

$0.1 \text{ mol} \cdot \text{L}^{-1}$ NaOH 标准溶液,0.2%酚酞乙醇溶液,市售白醋。

四、实验内容

1. $0.1 \text{ mol} \cdot \text{L}^{-1}$ NaOH 标准溶液的配制和标定

参见实验5。

2. 醋样的准备及测定

用洁净的移液管准确吸取醋样 10.00 mL 于 250 mL 容量瓶中,以新煮沸的冷却蒸馏水稀释至刻度,塞上瓶塞,摇匀。

用移液管移取上述稀释醋样 25.00 mL 于 250 mL 锥形瓶中,加入 0.2%酚酞指示剂 1～2 滴,摇匀,用 $0.1 \text{ mol} \cdot \text{L}^{-1}$ NaOH 标准溶液滴定至溶液呈微红色,且半分钟内不褪色,即为终点,记下体积读数,平行测定三次。根据 NaOH 标准溶液的浓度和滴定时消耗的体积,计算所取醋样中有机酸的总含量——总酸度(以 $\text{g} \cdot \text{L}^{-1}$ 表示)。三次平行测定结果的相对平均偏差不得大于 0.2%,否则应重做。

【注释】

[1] 有机酸试样也可用草酸、酒石酸或柠檬酸等。

五、思考题

(1) 如果 NaOH 标准溶液吸收了空气中的 CO_2,对总酸度的测定有何影响?

(2) 为什么实验中所用的蒸馏水必须是新煮沸的冷却蒸馏水?

实验 7 铵盐中氮含量的测定(甲醛法)

一、实验目的

(1) 了解酸碱滴定法的应用,掌握甲醛法测定铵盐中氮含量的原理和方法。

(2) 学会甲醛溶液的处理方法。

(3) 了解取大样的原则。

二、实验原理

常用的含氮化肥,主要是各类铵盐,有$(NH_4)_2SO_4$、NH_4Cl、NH_4NO_3 和 NH_4HCO_3 等,其中 NH_4Cl、$(NH_4)_2SO_4$ 和 NH_4NO_3 是强酸弱碱盐。除 NH_4HCO_3 可用标准酸直接滴定外,其他铵盐,由于 NH_4^+ 的酸性太弱($K_a = 5.6 \times 10^{-10}$),不能用 NaOH 标准溶液直接滴定。一般可用两种间接方法测定其含量。

1. 蒸馏法

在试样中加入过量的碱,加热使 NH_3 蒸馏出来,用一定量的过量的酸标准溶液吸收,然后用碱标准溶液回滴过量的酸,根据其中的定量关系,求出试样中的含氮量。该法准确度较高,但过程较烦琐。

2. 甲醛法

将铵盐(NH_4^+)与甲醛作用,定量生成质子化的六次甲基四胺离子($K_a = 7.1 \times 10^{-6}$)和氢离子,其反应如下:

$$4NH_4^+ + 6HCHO = (CH_2)_6N_4H^+ + 3H^+ + 6H_2O$$

所生成的 H^+ 和质子化的六次甲基四胺离子($(CH_2)_6N_4H^+$)可用 NaOH 标准溶液滴定,以酚酞为指示剂。

由反应可知,4 mol NH_4^+ 与甲醛作用,生成 1 mol $(CH_2)_6N_4H^+$ 和 3 mol H^+,即 1 mol NH_4^+ 相当于 1 mol 酸。

本实验采用甲醛法,适用于铵盐中铵态氮的测定,方法简便,实际生产中应用广泛。

实际应用中,由于试样不够均匀,应称取较多的试样溶解于烧杯中,定量转移至容量瓶,然后吸取其中的一部分进行测定,这样测定结果的代表性大一些,该取样方法称为取大样。

三、实验仪器和试剂

1. 仪器

容量瓶,移液管,锥形瓶,碱式滴定管,烧杯,0.1 mg 分析天平。

2. 试剂

固体$(NH_4)_2SO_4$ 或 NH_4Cl,0.2%酚酞乙醇溶液,0.2%甲基红指示剂,40%甲醛溶液,0.1 mol·L^{-1} NaOH 标准溶液。

四、实验内容

1. 0.1 mol·L^{-1} NaOH 标准溶液的配制和标定

参见实验 5。

2. 甲醛溶液的处理

甲醛放置在空气中,易被氧化,常含有微量的甲酸,需除去,否则产生正误差。取 20 mL 40%原装甲醛[1]于烧杯中,加 20 mL 水稀释,加入 1～2 滴 0.2%酚酞指示剂,用 0.1 mol·L^{-1} NaOH 溶液中和至甲醛溶液呈微红色。

3. 试样中含氮量的测定

准确称取 1.38～1.63 g $(NH_4)_2SO_4$ 或 1.00～1.25 g NH_4Cl 试样于烧杯中,用 25 mL 蒸馏水溶解,然后定量转移到 250 mL 容量瓶中,用蒸馏水稀释至刻度,塞上玻璃塞,摇匀。

用移液管移取试液 25.00 mL 于锥形瓶中[2],加入 10 mL 处理好的甲醛溶液,加 1～2 滴 0.2%酚酞指示剂,充分摇匀,放置 1 min,用标准 NaOH 溶液滴定至溶液呈淡红色且半分钟内不褪色,即为终点[3],记下体积读数,平行测定三次,要求相对平均偏差不大于 0.5%。根据 NaOH 标准溶液的浓度和滴定时消耗的体积,按下式计算试样的含氮量,以 ω(N) 表示。

$$\omega(N) = \frac{c(NaOH) \times V(NaOH) \times M(N)}{m(\text{试样}) \times \frac{25}{250}} \times 10^{-3} \times 100\%$$

式中：$c(NaOH)$ 为 NaOH 浓度，mol·L^{-1}；$V(NaOH)$ 为滴定消耗 NaOH 体积，mL；$M(N)$ 为氮的原子量；$m(\text{试样})$ 为试样质量，g。

【注释】

[1] 甲醛常以白色聚合状态存在，称为多聚甲醛，但该多聚甲醛不影响测定。

[2] 试液有时需要预处理，其方法为：加入 1～2 滴甲基红作指示剂，溶液呈红色，用 NaOH 标准溶液滴定至红色转变为金黄色，再加入甲醛，目的是为了除去试样中可能存在的游离酸。

[3] 如果试液中已有甲基红，再用酚酞为指示剂，存在两种变色范围不同的指示剂，用 NaOH 滴定时，溶液颜色是由红转变为浅黄色（pH 约为 6.2），再转变为淡红色（pH 约为 8.2），终点为甲基红的黄色和酚酞的粉红色的混合色。

五、思考题

(1) 本法测定铵盐中的氮时为何不能用碱标准溶液直接滴定？

(2) 为什么中和 HCHO 中游离酸以酚酞作指示剂，而中和铵盐试样中游离酸则以甲基红作指示剂？

实验 8　工业纯碱总碱度测定

一、实验目的

(1) 进一步练习滴定操作和酸碱溶液浓度的标定。

(2) 熟悉酸碱滴定法选用指示剂的原理。

(3) 学习用容量瓶把固体试样制备成试液的方法。

(4) 掌握工业纯碱总碱度测定的原理和方法。

二、实验原理

工业纯碱为不纯的碳酸钠，可能含有 NaCl、Na$_2$SO$_4$、NaOH、NaHCO$_3$ 等，用盐酸标准溶液滴定时，除了其中主要成分 Na$_2$CO$_3$ 被中和外，其他碱性杂质等也被中和，因此测定的是碱的总量，通常以 Na$_2$O 的质量分数来表示。

三、实验仪器和试剂

1. 仪器

0.1 mg 分析天平，称量瓶，烧杯，锥形瓶，50 mL 酸式滴定管，50 mL 碱式滴定管，250 mL 容量瓶，25 mL 移液管，试剂瓶，药匙。

2. 试剂

0.1 mol·L^{-1} HCl 溶液，0.1 mol·L^{-1} NaOH 溶液，邻苯二甲酸氢钾，工业纯碱，0.1%

甲基橙水溶液,0.2%酚酞乙醇溶液。

四、实验内容

1. 0.1 mol·L⁻¹ NaOH 标准溶液浓度的标定

参见实验 5。

2. 0.1 mol·L⁻¹ HCl 标准溶液浓度的标定

用 25 mL 移液管准确移取三份 25.00 mL 0.1 mol·L⁻¹ HCl 溶液,分别加入 0.2% 酚酞指示剂 2 滴,用上述 0.1 mol·L⁻¹ NaOH 标准溶液滴定,记录所用 NaOH 标准溶液的体积数,计算 HCl 溶液的浓度。

3. 工业纯碱溶液的配制

准确称取工业纯碱试样约 0.8 g,置于 100 mL 烧杯内,少量加水使其完全溶解,将溶液全部转移至 250 mL 容量瓶中,用水稀释至刻度,摇匀。

4. 总碱度的测定

分别用 25 mL 移液管准确吸取三份 25.00 mL 上述工业纯碱溶液于 250 mL 锥形瓶中,加 0.1% 甲基橙指示剂 1~2 滴,用标定好的 0.1 mol·L⁻¹ HCl 溶液滴定至溶液呈橙色,即为终点。根据 HCl 标准溶液的浓度和滴定时消耗的体积,按下式计算工业纯碱中的总碱度,以 Na_2O 的质量分数 $\omega(Na_2O)$ 表示。

$$\omega(Na_2O) = \frac{c(HCl)V(HCl) \times \dfrac{M(Na_2O)}{2\,000}}{m \times \dfrac{25}{250}} \times 100\%$$

式中:$c(HCl)$ 为盐酸浓度,mol·L⁻¹;$V(HCl)$ 为滴定消耗盐酸体积,mL;m 为工业纯碱试样质量,g;$M(Na_2O)$ 为 Na_2O 摩尔质量,g·mol⁻¹。

五、思考题

(1) 总碱量的测定应选用何种指示剂? 终点如何控制? 为什么?

(2) 本实验中为什么要把试样溶解配制成 250 mL 溶液后再吸出 25.00 mL 进行滴定? 而不是直接称取 0.16~0.22 g 试样进行测定?

实验 9　混合碱的分析(双指示剂法)

一、实验目的

(1) 了解用双指示剂法测定混合碱中各组分含量的原理。

(2) 学会混合碱的总碱度测定方法及计算。

(3) 了解混合指示剂的使用及其优点。

二、实验原理

混合碱是 Na_2CO_3 与 NaOH 或 Na_2CO_3 与 $NaHCO_3$ 等类似的混合物,可以在同一份试样中采用两种不同的指示剂进行测定,这种方法称为"双指示剂法"。该方法简便、快速,在生产中应用普遍。

常用的两种指示剂为酚酞和甲基橙。若混合碱是 Na_2CO_3 与 NaOH 的混合物[1],在混合碱试样中先加入酚酞,此时溶液呈红色,用盐酸标准溶液滴定至溶液刚好褪色,这是第一化学计量点。由于酚酞的 pH 变色范围为 $8.0 \sim 9.6$,此时,试液中 NaOH 完全被中和,而 Na_2CO_3 则被滴定到 $NaHCO_3$(只中和了一半),其反应为:

$$NaOH + HCl \rule[0.5ex]{1em}{0.4pt}\rule[0.3ex]{1em}{0.4pt} NaCl + H_2O \tag{1}$$

$$Na_2CO_3 + HCl \rule[0.5ex]{1em}{0.4pt}\rule[0.3ex]{1em}{0.4pt} NaCl + NaHCO_3 \tag{2}$$

设用去盐酸标准溶液体积为 $V_1(mL)$,再加入甲基橙指示剂,继续用盐酸标准溶液滴定到溶液由黄色变为橙色,这是第二化学计量点。此时试液中 $NaHCO_3$ 被滴定成 CO_2 和 H_2O,其反应为:

$$NaHCO_3 + HCl \rule[0.5ex]{1em}{0.4pt}\rule[0.3ex]{1em}{0.4pt} NaCl + H_2CO_3 \tag{3}$$
$$\hookrightarrow H_2O + CO_2 \uparrow$$

此时,又消耗盐酸标准溶液体积为 $V_2(mL)$[2]。由反应式可知,在 Na_2CO_3 与 NaOH 共存情况下,$V_1 > V_2 > 0$,且 $NaHCO_3$ 消耗标准 HCl 的体积为 V_2,NaOH 消耗的标准 HCl 的体积为 $(V_1 - V_2)$,根据标准酸的浓度和所消耗的体积,便可计算出混合碱试样中 NaOH 和 Na_2CO_3 的含量:

$$\rho_{NaOH} = \frac{(V_1 - V_2) \times c_{HCl} \times M_{NaOH}}{V_{试}}$$

$$\rho_{Na_2CO_3} = \frac{V_2 \times c_{HCl} \times M_{Na_2CO_3}}{V_{试}}$$

式中:ρ_{NaOH} 为混合碱试样中 NaOH 的含量,$g \cdot L^{-1}$;$\rho_{Na_2CO_3}$ 为混合碱试样中 Na_2CO_3 的含量,$g \cdot L^{-1}$;c_{HCl} 为 HCl 浓度,$mol \cdot L^{-1}$;M_{NaOH} 为 NaOH 的摩尔质量,$g \cdot mol^{-1}$;$M_{Na_2CO_3}$ 为 Na_2CO_3 的摩尔质量,$g \cdot mol^{-1}$;$V_{试}$ 为混合碱试样的体积,mL。

如果混合碱是 Na_2CO_3 与 $NaHCO_3$ 的混合物,以上述同样方法测定,则 $0 < V_1 < V_2$,且 Na_2CO_3 变成 $NaHCO_3$ 所消耗标准 HCl 的体积为 V_1,$NaHCO_3$ 消耗标准 HCl 的体积为 $(V_2 - V_1)$,则计算式为:

$$\rho_{Na_2CO_3} = \frac{V_1 \times c_{HCl} \times M_{Na_2CO_3}}{V_{试}}$$

$$\rho_{NaHCO_3} = \frac{(V_2 - V_1) \times c_{HCl} \times M_{NaHCO_3}}{V_{试}}$$

式中:$\rho_{Na_2CO_3}$ 为混合碱试样中 Na_2CO_3 的含量,$g \cdot L^{-1}$;ρ_{NaHCO_3} 为混合碱试样中 $NaHCO_3$ 的含量,$g \cdot L^{-1}$;c_{HCl} 为 HCl 浓度,$mol \cdot L^{-1}$;$M_{Na_2CO_3}$ 为 Na_2CO_3 的摩尔质量,$g \cdot mol^{-1}$;M_{NaHCO_3} 为 $NaHCO_3$ 的摩尔质量,$g \cdot mol^{-1}$;$V_{试}$ 为混合碱试样的体积,mL。

同时,可依据 V_1、V_2 的值计算混合碱的总碱度,通常用 Na_2O 的质量分数表示。

三、实验仪器和试剂

1. 仪器

容量瓶,移液管,锥形瓶,酸式滴定管。

2. 试剂

混合碱试样,0.1 mol·L⁻¹盐酸标准溶液,0.2%酚酞指示剂,0.2%甲基橙指示剂。

四、实验内容

1. 0.1 mol·L⁻¹ HCl 标准溶液的配制和标定

参见实验 4。

2. 混合碱的组成和含量分析

准确移取 25.00 mL 混合碱试样于锥形瓶中,加入 2~3 滴 0.2%酚酞指示剂,用 0.1 mol·L⁻¹盐酸标准溶液滴定,边滴加边充分摇动,以免局部 Na_2CO_3 直接被滴至 CO_2 和 H_2O,滴定至酚酞恰好褪色,记下所用盐酸标准溶液的体积 V_1。再加 1~2 滴 0.2%甲基橙指示剂,继续用 0.1 mol·L⁻¹盐酸标准溶液滴定至溶液由黄色刚变为橙色为滴定终点,记下第二次所用盐酸标准溶液的体积 V_2。

根据 HCl 标准溶液的浓度和滴定时消耗的体积 V_1 和 V_2,判断试样的组成,并计算各组分含量。平行测定三次,要求相对平均偏差不大于 0.3%。

【注释】

[1] 若混合碱是固态试样,应尽可能混合均匀,按取大样方法取样。

[2] HCl 标准溶液总的耗用量为 $V_1 + V_2$。

五、思考题

(1) 采用双指示剂法测定混合碱时,在同一份溶液中测定,试判断下列五种情况中混合碱的成分各是什么?

① $V_1 > V_2 > 0$ ② $0 < V_1 < V_2$ ③ $V_1 = V_2 \neq 0$

④ $V_1 = 0, V_2 \neq 0$ ⑤ $V_1 \neq 0, V_2 = 0$

(2) 用盐酸滴定混合碱液时,将试液在空气中放置一段时间后滴定,将会给测定结果带来什么影响? 若到达第一等当点前,滴定速度过快或摇动不均匀,对测定结果有何影响?

实验 10　磷酸的电位滴定

一、实验目的

(1) 掌握酸碱电位滴定法的原理和方法,观察 pH 突跃和酸碱指示剂变色的关系。

(2) 学会绘制电位滴定曲线并由电位滴定曲线(或数据)确定终点。

(3) 了解电位滴定法测定 H_3PO_4 的 pK_{a1} 和 pK_{a2} 的原理和方法。

二、实验原理

在酸碱电位滴定过程中,随着滴定剂的加入,被测物与滴定剂发生反应,溶液的 pH 不

断变化。由加入滴定剂的体积(V)和测得的 pH 可绘制电位滴定曲线(pH～V 关系曲线和
ΔpH/ΔV～V 关系曲线),根据滴定曲线确定滴定终点并计算出被测酸的浓度和离解常数。

例如用 $0.1\,\text{mol}\cdot\text{L}^{-1}$ NaOH 电位滴定 $0.05\,\text{mol}\cdot\text{L}^{-1}$ 的 H_3PO_4 可得到有两个 pH 突
跃的 pH-V 曲线,用三切线法、一级微商法或二级微商法可得到滴定的两个终点 V_{ep1} 和
V_{ep2},再由 NaOH 溶液的准确浓度,即可计算出被测酸的浓度。

当 H_3PO_4 被中和至第一化学计量点(sp_1)时,溶液由 $H_2PO_4^-$ 和 Na^+ 组成。在 sp_1 之前
溶液由 H_3PO_4 和 $H_2PO_4^-$ 组成,这是一个缓冲溶液。当滴定至 $1/2\,V_{sp1}$ 时,由于 $c(H_3PO_4)=$
$c(H_2PO_4^-)$,故 pH$=$pK_{a1},这是按缓冲溶液 pH 计算的最简式考虑的。由于磷酸的 K_{a1} 较
大,最好采用以下近似式计算 pK_{a1}:

$$\text{pH}=\text{p}K_{a1}-\lg\frac{c(H_3PO_4)-[H^+]}{c(H_2PO_4^-)+[H^+]} \tag{1}$$

式中:$c(H_3PO_4)$ 和 $c(H_2PO_4^-)$ 分别是滴定至 $1/2V_{sp1}$ 时 H_3PO_4 和 $H_2PO_4^-$ 的浓度。

同理,计算 pK_{a2} 可采用以下近似式:

$$\text{pH}=\text{p}K_{a2}-\lg\frac{c(H_2PO_4^-)+[OH^-]}{c(HPO_4^{2-})-[OH^-]} \tag{2}$$

式中:$c(H_2PO_4^-)$ 和 $c(HPO_4^{2-})$ 分别是滴定至 $[V_{sp1}+1/2(V_{sp2}-V_{sp1})]$ 时,$H_2PO_4^-$ 和
HPO_4^{2-} 的浓度。

测定 pK_{a1} 和 pK_{a2} 时,以 V_{ep1} 和 V_{ep2} 分别代替 V_{sp1} 和 V_{sp2}。两式中的 H_3PO_4、$H_2PO_4^-$ 和
HPO_4^{2-} 各组分的浓度要准确。因此,NaOH 溶液应预先标定其准确浓度且不应含 CO_3^{2-},盛
装 H_3PO_4 试液的烧杯应干燥,H_3PO_4 试液的初始体积要准确,滴定中不能随意加水。

电位滴定法测定 H_3PO_4 的 K_{a1} 的过程是:由电位滴定曲线确定 V_{ep1} 并计算出 H_3PO_4 的
初始浓度,在滴定曲线上找到 $1/2\,V_{ep1}$ 所对应的 pH,计算此时的 $c(H_3PO_4)$ 和 $c(H_2PO_4^-)$,
然后代入(1)式计算 K_{a1}。测定 H_3PO_4 的 K_{a2} 可按同样的步骤进行。

三、实验仪器和试剂

1. 仪器

精密酸度计,复合电极,电磁搅拌器,碱式滴定管,移液管,烧杯。

2. 试剂

$0.1\,\text{mol}\cdot\text{L}^{-1}$ NaOH 标准溶液,$0.05\,\text{mol}\cdot\text{L}^{-1}$ H_3PO_4 溶液,邻苯二甲酸氢钾标准缓冲
溶液(pH$=4.003$,25℃),硼砂标准缓冲溶液(pH$=9.182$,25℃),0.1%甲基橙水溶液,
0.2%酚酞乙醇溶液。

四、实验内容

1. 酸度计的校准

按照酸度计仪器使用说明安装电极,开启电源开关,预热,调节零点。用邻苯二甲酸氢
钾(pH$=4.003$,25℃)和硼砂(pH$=9.182$,25℃)两种标准缓冲溶液校正仪器,洗净电极并
用吸水纸吸干电极表面的水。

2. 磷酸的电位滴定

将 0.1 mol·L^{-1} NaOH 标准溶液装入碱式滴定管中,准确移取 25.00 mL 0.05 mol·L^{-1} H$_3$PO$_4$溶液放入 150 mL 干燥烧杯中,插入电极,放入搅拌磁子,加入 0.1%甲基橙指示剂和 0.2%酚酞指示剂。开动电磁搅拌器,用 0.1 mol·L^{-1} NaOH 标准溶液滴定,开始时可滴入 2 mL NaOH 溶液测量一次 pH,然后每隔 1 mL 测量其相应的 pH,注意在第一化学计量点和第二化学计量点附近的"突跃"部分的 pH 要多测几个点,最好每隔 0.1 mL 测一次。pH 突跃可借助于甲基橙(ep$_1$)和酚酞(ep$_2$)的颜色变化来判断,直到测量 pH 约为 11.0 方可停止滴定,记录实验数据。

五、实验数据记录及处理

表 2-9 磷酸的电位滴定数据记录及处理

V/mL	pH	ΔpH/ΔV	V$_1$/mL	Δ^2pH/ΔV^2	V$_2$/mL

根据表 2-9 中所得原始数据以及原始数据处理的结果绘制 pH-V、ΔpH/ΔV-V$_1$ 以及 Δ^2pH/ΔV^2-V$_2$ 三条滴定曲线,依据滴定曲线确定终点体积 V$_{ep1}$、V$_{ep2}$,计算磷酸试样溶液浓度以及磷酸的两级离解常数 K$_{a1}$、K$_{a2}$,并与文献值比较。

六、pHSJ-4A 酸度计的使用说明

1. 仪器功能介绍

仪器有五种工作状态:即 pH 测量、mV 测量、温度测量、校准和等电位点选择。仪器各工作状态可通过 pH、mV、温度、校准和等电位点键进行切换。

仪器在 pH 或 mV 测量工作状态下,有打印、贮存、删除、查阅功能。

① pH、mV、温度、校准和等电位点键:在任何工作状态下,按下某一键,即进入该工作状态。

② 分辨率键:用于在 pH 测量状态时,选择合适的分辨率。

③ 打印、贮存、删除和查阅键:仪器处于 pH 或 mV 测量工作状态时,按下某一键,仪器进入相应的功能。

④ ▲ ▼ 键:用于调节参数。

⑤ 确认键:用于确认仪器进入某一功能。

⑥ 取消键:用于取消误操作。

2. 开机

按下"ON/OFF"键,仪器将显示"pHSJ - 4A 型 pH 计"和"雷磁"商标,显示几秒后,仪器自动进入 pH 测量工作状态。

3. 等电位点

仪器处于任何工作状态下,按下"等电位点"键,仪器即进入"等电位点"选择工作状态。仪器设有三个等电位点,即等电位点 7.000pH、12.000pH、17.000pH。用户可通过▲或▼键选用所需的等电位点。

一般水溶液的 pH 测量选用等电位点 7.000pH。

纯水和超纯水溶液的 pH 测量选用等电位点 12.000pH。

测量含有氨水溶液的 pH 选用等电位点 17.000pH。

此时,pH、mV、温度和校准键均有效。如按下其中某一键,则仪器进入相应的工作状态。

4. 电极标定

(1) 一点标定

一点标定含义是只采用一种 pH 标准缓冲溶液对电极系统进行标定,用于自动校准仪器的定位值。仪器把 pH 复合电极的百分斜率作为 100%,在测量精度要求不高的情况下,可采用此方法,简化操作。操作步骤如下:

① 将 pH 复合电极插入仪器的测量电极插座内,并将该电极用蒸馏水清洗干净,用吸水纸将电极表面水吸干后放入 pH 标准缓冲溶液 A 中(规定的五种 pH 标准缓冲溶液中的任一种)。

② 在仪器处于任何工作状态下,按"校准"键,仪器即进入"标定 1"工作状态,此时,仪器显示"标定 1"以及当前测得的 pH 和温度值。

③ 当显示屏上的 pH 读数趋于稳定后,按"确认"键,仪器显示"标定 1 结束"以及 pH 和斜率值,说明仪器已完成一点标定。此时,pH、mV、校准和等电位点键均有效,如按下其中某一键,则仪器进入相应的工作状态。

(2) 二点标定

二点标定是为了提高 pH 的测量精度。其含义是选用两种 pH 标准缓冲溶液对电极系统进行标定,测定 pH 复合电极的实际百分斜率。二点标定操作步骤如下:

① 在完成一点标定后,将电极取出重新用蒸馏水清洗干净,用吸水纸将电极表面水吸干后放入 pH 标准缓冲溶液 B 中。

② 再按"校准"键,使仪器进入"标定 2"工作状态,仪器显示"标定 2"以及当前的 pH 和温度值。

③ 当显示屏上的 pH 读数趋于稳定后,按下"确认"键,仪器显示"标定 2 结束"以及 pH 和斜率值,说明仪器已完成二点标定。

此时,pH、mV、温度和等电位点键均有效,如按下其中某一键,仪器进入相应的工作状态。

（3）温度测量

在仪器处于任何工作状态下，按"温度"键，仪器即进入温度测量工作状态，若仪器已接入温度传感器，则仪器自动测量温度值。此时，pH、mV、校准和等电位点键均有效，如按下其中某一键，则仪器进入相应的工作状态。

5. pH 测量

如用户不需对 pH 复合电极进行校准，则开机后仪器自动进入 pH 测量工作状态，仪器显示当前溶液的 pH、温度值以及电极百分斜率和选择的等电位点。若需对 pH 电极进行标定，则可按本节中"电极标定"进行操作，然后再按"pH"键进入 pH 测量状态。

6. 电极电位（mV）值测量

不论仪器处于何种工作状态，按"mV"键，仪器即进入 mV 测量工作状态，此时仪器显示当前的电极电位（mV）值和温度值。

七、思考题

（1）H_3PO_4 是三元酸，为什么在 $pH - V$ 滴定曲线上仅出现两个"滴定突跃"？

（2）为什么邻苯二甲酸氢钾和硼砂溶液可作为标准 pH 缓冲溶液？

（3）在滴定过程中指示剂的终点与电位法终点是否一致？

（4）理论上讲，用 NaOH 滴定 H_3PO_4 时 $V_{ep2} = 2V_{ep1}$，实际测得的 V_{ep2} 和 V_{ep1} 符合这样的关系吗？为什么？

实验 11　酸碱滴定法自拟实验

一、实验目的

（1）巩固酸碱滴定法的原理。

（2）应用理论知识进行实际样品测定的酸碱滴定方案自行设计。

二、酸碱滴定法自拟实验选题参考

1. 酸碱滴定法测定磷酸钠盐灌肠液的含量

磷酸钠盐灌肠液是由美国辉力公司研发上市的外用灌肠剂，其处方组成为每 100 mL 药液中含 16.0 g 磷酸二氢钠、6.0 g 磷酸氢二钠，辅料为水与适量的防腐剂。磷酸二氢钠与磷酸氢二钠可在肠道内解离成相对不吸收的阴离子和阳离子，从而在肠道内形成高渗环境，使大量水分进入肠内并使结肠内压力升高，同时含水量大增，软化大便，两种作用协同刺激排便反应，增加肠动力，达到清理肠道的效果。磷酸钠盐灌肠液与口服泻药不同，其优点在于只在结肠发挥作用，而不影响胃肠道系统其他的功能，可用于手术前后的肠道清理、产科手术、直肠镜检查、乙状结肠镜检查以及 X 射线检查前的肠道准备，临床使用安全、有效。该制剂商品名辉力已在我国获进口注册，国内无其他生产厂家。采用酸碱滴定法可对磷酸钠盐灌肠液中两种活性成分磷酸二氢钠和磷酸氢二钠进行含量测定。

【参考资料】 韩鹏,朱南,叶兴法.中国药师,2008,11(55):542～544.

2. 酸碱滴定法测定卡托普利片含量

卡托普利为 1-(2-甲基-3-巯基-1-氧化丙基)-L-脯氨酸,白色或类白色结晶粉末,属抗高血压药。由于结构式中含—COOH,因此可采用酸碱滴定法测定。

【参考资料】 荆超,李艳荣.河南化工,1999,6:36~37.

3. 红色果汁中总酸度的测定方法

用脱色活性炭对样品脱色处理,并用滤纸过滤,得到无色或褪色的样品,以便于观察滴定终点的颜色变化。由于活性炭本身对总酸含量测定不产生任何影响,所以脱色以后的样品可按常规酸碱滴定方法进行滴定,可得到准确的结果。

【参考资料】 郭孟平.冷饮与速冻食品工业,1998,1:24.

2.3.6 配位滴定实验

配合物具有极大的普遍性。严格地说,简单离子只有在高温气态下存在。在溶液中,由于溶剂化的作用,不存在简单离子。因此,溶液中的金属离子 (M^{v+}) "应该"以 $M(H_2O)_n^{v+}$ 表示。溶液中的配位反应实际上是配位体与溶剂分子间的交换,以配位(交换)反应为基础进行滴定分析的方法即"配位滴定法"。

配位反应在分析化学中应用非常广泛,许多显色剂、萃取剂、沉淀剂、掩蔽剂等都是配位剂。按配位体所含配位原子的数目可分为单齿配位体(:F^-、:NH_3)和多齿配位体(H_2N—CH_2—CH_2—NH_2)。前者形成单齿(非螯合)配合物,后者形成螯合物。氨羧螯合剂是含有—$N(CH_2COOH)_2$基团的有机化合物。几乎能与所有金属离子螯合。目前已研究的有几十种,重要的有:乙二胺四乙酸(EDTA)、氨三乙酸(NTA)、乙二胺四丙酸(EDTP)等,其中 EDTA 是目前应用最为广泛的有机配位剂。

实验 12 EDTA 溶液的配制和标定

一、实验目的

(1) 学习 EDTA 标准溶液的配制和标定方法。
(2) 掌握配位滴定的原理,了解配位滴定的特点。
(3) 熟悉钙指示剂的使用。

二、实验原理

乙二胺四乙酸(简称 EDTA,常用 H_4Y 表示)难溶于水,常温下其溶解度为 $0.2\ g\cdot L^{-1}$,在分析中通常使用其二钠盐配制成标准溶液。乙二胺四乙酸二钠盐的溶解度为 $120\ g\cdot L^{-1}$,可配成 $0.3\ mol\cdot L^{-1}$ EDTA 溶液,其水溶液的 pH 约为 4.8,通常采用间接法配制标准溶液。

标定 EDTA 溶液常用的基准物质有 Zn、ZnO、$CaCO_3$、Bi、Cu、$MgSO_4\cdot 7H_2O$、Hg、Ni、Pb 等。通常选用与被测物组分性质相同或相似的物质作基准物质,这样滴定条件较为一致,可减少滴定误差。

以测定水中钙、镁离子含量为例,宜用 $CaCO_3$ 为基准物质来标定 EDTA 溶液。首先加 HCl 溶液,其反应如下:

$$CaCO_3 + 2HCl \Longrightarrow CaCl_2 + CO_2 + H_2O$$

然后将溶液定量转移到容量瓶并稀释至刻度,制成钙标准溶液。吸取一定量的钙标准溶液,调节酸度至 pH$\geqslant$12,用钙指示剂(H_3Ind,三元弱酸,游离指示剂为纯蓝色,与金属离子形成配合物的颜色为酒红色),以 EDTA 溶液滴定至溶液由酒红色变为纯蓝色,即为终点。其变色原理如下:

$$H_3Ind \Longrightarrow 2H^+ + HInd^{2-}$$

在 pH$\geqslant$12 的溶液中,钙指示剂的 $HInd^{2-}$ 与 Ca^{2+} 形成比较稳定配离子,其反应如下:

$$\underset{\text{纯蓝色}}{HInd^{2-}} + Ca^{2+} \Longrightarrow \underset{\text{酒红色}}{CaInd^-} + H^+$$

所以,在钙标准溶液中加入钙指示剂时,溶液呈酒红色。当用 EDTA 溶液滴定时,由于 EDTA 能与 Ca^{2+} 形成比 $CaInd^-$ 配离子更稳定的配离子,因此在滴定终点,$CaInd^-$ 配离子转化为较稳定的 CaY^{2-} 配离子,而钙指示剂则被游离出来,其反应可表示如下:

$$\underset{\text{酒红色}}{CaInd^-} + H_2Y^{2-} + OH^- \Longrightarrow \underset{\text{无色}}{CaY^{2-}} + \underset{\text{纯蓝色}}{HInd^{2-}} + H_2O$$

用此法测定钙时,若有镁离子共存,在调节溶液酸度为 pH$\geqslant$12 时,镁离子将形成 $Mg(OH)_2$ 沉淀,此时镁离子不仅不干扰钙的测定,而且使终点比钙离子单独存在时更敏锐。当钙镁离子共存时,终点由酒红色到纯蓝色,当钙离子单独存在时则由酒红色到紫蓝色。所以测定单独存在的钙离子时,常常加入少量镁离子。

三、实验仪器与试剂

1. 仪器

台秤,0.1 mg 分析天平,酸式滴定管,烧杯,锥形瓶,25 mL 移液管,量筒,表面皿。

2. 试剂

乙二胺四乙酸二钠(EDTA,固体,AR.),$CaCO_3$(固体,G. R. 或 AR.),1∶1 HCl,0.5% 镁溶液(溶解 1 g $MgSO_4 \cdot 7H_2O$ 于水中,稀释至 200 mL),10% NaOH 溶液,钙指示剂(固体,钙指示剂与干燥 NaCl 以 1∶100 混合磨匀,临用前配制)。

四、实验内容

1. 0.02 mol·L^{-1} EDTA 溶液的配制

视频:EDTA 溶液的配制与标定

在台秤上称取 7.6 g 乙二胺四乙酸二钠 EDTA,溶解于 300~400 mL 温水中,稀释至 1 L,如混浊,应过滤。转移至 1 000 mL 细口瓶中,备用。

2. 0.02 mol·L^{-1} 标准钙溶液的配制

置碳酸钙基准物于称量瓶中,在 110℃ 干燥 2 h,置干燥器冷却后,准确称取 0.4~0.5 g 碳酸钙于小烧杯中,加少量水润湿(水量越少越好),盖上表面皿,再从烧杯嘴边逐滴加入 1∶1 HCl 溶液至碳酸钙完全溶解,用少量水把可能溅到表面皿上的溶液淋洗入杯中,加热近沸,控制溶液体积在 20~30 mL 内,待冷却后定量转移至 250 mL 容量瓶中,稀释至刻度,摇匀。

3. 0.02 mol·L^{-1} EDTA 溶液的标定

用移液管移取 25.00 mL 标准钙溶液,置于 250 mL 锥形瓶中,加入约 25 mL 水、2 mL

0.5％镁溶液、5 mL 10％ NaOH 溶液及适量的固体钙指示剂,摇匀后,用 0.02 mol·L⁻¹ EDTA 溶液滴定 0.02 mol·L⁻¹ 标准钙溶液由酒红色变至纯蓝色,即为终点。平行测定三次,记录数据。

五、注意事项

(1) 配位反应进行的速度较慢,不像酸碱反应那样能在瞬间完成,所以滴定时加入 EDTA 的速度不能太快,在室温低时应尤其注意。在接近终点时,应逐滴加入,充分振摇。

(2) 配位滴定中,加入指示剂的量对终点的判断影响很大,应在实践过程中总结经验,注意掌握。

六、思考题

(1) 以 $CaCO_3$ 为基准物标定 EDTA 溶液时,加入镁溶液的目的是什么?

(2) 以 $CaCO_3$ 为基准物,以钙指示剂标定 EDTA 溶液时,应控制溶液的酸度为多少?为什么? 怎样控制?

(3) 用移液管移取标准钙溶液 25 mL 时,数据记录的标准钙溶液体积数应记为几位有效数字?

实验 13　天然水硬度测定

一、实验目的

(1) 了解水硬度的测定意义和常用的硬度表示方法。

(2) 掌握 EDTA 法测定水硬度的原理和方法。

(3) 掌握铬黑 T 和钙指示剂的应用,了解金属指示剂的特点。

二、实验原理

一般含有钙、镁盐类的水叫硬水,硬度有暂时硬度和永久硬度之分。暂时硬度是指当水中含有钙、镁的酸式碳酸盐时,遇热即形成碳酸盐沉淀而失去硬度。永久硬度是指当水中含有钙、镁的硫酸盐、氯化物、硝酸盐时,即使加热也不产生沉淀。暂时硬度和永久硬度的总和称为总硬。由镁离子形成的硬度称为"镁硬",由钙离子形成的硬度称为"钙硬"。

水中钙、镁离子含量,可用 EDTA 法测定。钙硬测定原理与以 $CaCO_3$ 为基准物标定 EDTA 标准溶液浓度相同,参见实验 12。总硬测定则以铬黑 T 为指示剂,控制溶液的酸度为 10,以 EDTA 标准溶液滴定。根据 EDTA 溶液的浓度和用量,可计算出水的总硬度,由总硬减去钙硬即为镁硬。

水硬度的表示方法有很多,我国目前常用的表示方法是:以度(°)计,1 硬度单位表示十万份水中含 1 份 CaO,即 1°=10 mg·L⁻¹ CaO。

$$硬度(°) = \frac{c_{EDTA} \cdot V_{EDTA} \times \dfrac{M_{CaO}}{1\,000}}{V_{H_2O}} \times 10^5$$

式中：c_{EDTA} 为 EDTA 标准溶液的浓度，$mol \cdot L^{-1}$；V_{EDTA} 为滴定时用去的 EDTA 标准溶液的体积，mL；V_{H_2O} 为水样体积，mL；M_{CaO} 为 CaO 的摩尔质量，$g \cdot mol^{-1}$。根据硬度计算公式，当 V_{EDTA} 为滴定钙、镁离子总量所消耗的 EDTA 标准溶液体积时，计算值为总硬度；当 V_{EDTA} 为滴定钙离子所消耗的 EDTA 标准溶液体积时，计算值为钙硬度。

三、实验仪器和试剂

1. 仪器

50 mL 移液管、锥形瓶、酸式滴定管。

2. 试剂

$0.02\ mol \cdot L^{-1}$ EDTA 溶液，pH＝10 的 $NH_3 - NH_4Cl$ 缓冲溶液，10% NaOH 溶液，钙指示剂（固体，参见实验 12），铬黑 T 指示剂（固体，铬黑 T 与干燥 NaCl 以 1：100 混合磨匀，临用前配制），1：2 三乙醇胺水溶液。

四、实验内容

1. $0.02\ mol \cdot L^{-1}$ EDTA 溶液的配制和标定

参见实验 12。

2. 总硬度的测定

视频：水总硬度的测定

准确移取澄清的水样 100 mL，放入 250 mL 锥形瓶中，加入 5 mL pH＝10 的 $NH_3 - NH_4Cl$ 缓冲液，1：2 三乙醇胺水溶液 0.5 mL，摇匀。再加入适量的铬黑 T 固体指示剂，再摇匀，此时溶液呈酒红色，以 $0.02\ mol \cdot L^{-1}$ EDTA 标准溶液滴定至纯蓝色，即为终点。平行测定三次，记录数据。

3. 钙硬度的测定

准确移取澄清水样 100 mL，放入 250 mL 锥形瓶内，加 4 mL 10% NaOH 溶液，摇匀，再加入适量的钙指示剂，摇匀，此时溶液呈浅红色，以 $0.02\ mol \cdot L^{-1}$ EDTA 标准溶液滴定至纯蓝色，即为终点。

4. 镁硬度的确定

由总硬度减去钙硬度即得镁硬度。

五、思考题

（1）如果硬度测定的数据要求保留四位有效数字，应如何移取 100 mL 水样？

（2）当水样中 Mg^{2+} 含量低时，以铬黑 T 作指示剂测定水中 Ca^{2+}、Mg^{2+} 总量，终点不明晰，因此常在水样中先加少量 MgY^{2-} 配合物，再用 EDTA 滴定，终点就灵敏。这样做对测定结果有没有影响？说明理由。

（3）配位滴定中为什么要加入缓冲溶液？

实验 14　铅铋混合液中 Bi^{3+}、Pb^{2+} 的连续测定

一、实验目的

（1）掌握配位滴定法进行 Bi^{3+}、Pb^{2+} 连续测定的基本原理。

(2) 学习利用控制酸度来分别测定金属离子的基本方法。

(3) 了解二甲酚橙指示剂的变色特征。

二、实验原理

Bi^{3+}、Pb^{2+} 均能与 EDTA 形成稳定的配合物,其 $\lg K$ 值分别为 27.94 和 18.04,两者稳定性相差很大,$\Delta \lg K = 9.90 > 6$。因此,可以用控制酸度的方法在同一份试液中连续滴定 Bi^{3+} 和 Pb^{2+}。在测定中,均以二甲酚橙(XO)作指示剂,XO 在 pH<6 时呈黄色,在 pH>6.3 时呈红色;而它与 Bi^{3+}、Pb^{2+} 所形成的配合物呈紫红色,它们的稳定性与 Bi^{3+}、Pb^{2+} 和 EDTA 所形成的配合物相比要低,即 $K_{Bi-XO} < K_{Bi-EDTA}$,$K_{Pb-XO} < K_{Pb-EDTA}$,而 $K_{Bi-XO} > K_{Pb-XO}$。

测定时,先用 $0.1\ mol \cdot L^{-1}$ HNO_3 调节溶液 pH 为 1.0,用 EDTA 标准溶液滴定溶液由紫红色突变为亮黄色,即为滴定 Bi^{3+} 的终点。然后加入六次甲基四胺,调溶液 pH 为 5~6,此时 Pb^{2+} 与 XO 形成紫红色配合物,继续用 EDTA 标准溶液滴定至溶液由紫红色突变为亮黄色,即为滴定 Pb^{2+} 的终点。

滴定时若酸度过低,Bi^{3+} 将水解,产生白色浑浊,会使终点过早出现,而且产生回红现象,此时应放置片刻,继续滴定至透明的稳定的亮黄色,即为终点。

用 EDTA 溶液测定 Bi^{3+}、Pb^{2+},则宜以 $ZnSO_4 \cdot 7H_2O$、ZnO 或金属锌为基准物,以二甲酚橙为指示剂。在 pH 约为 5~6 的溶液中,二甲酚橙指示剂本身显黄色,与 Zn^{2+} 的配合物呈紫红色。EDTA 与 Zn^{2+} 形成更稳定的配合物,因此用 EDTA 溶液滴定至终点时,二甲酚橙被游离出来,溶液由紫红色变为黄色。

三、实验仪器和试剂

1. 仪器

酸式滴定管,250 mL 锥形瓶,250 mL 容量瓶,25 mL 移液管,10 mL 量筒,烧杯,0.1 mg 分析天平,称量瓶,表面皿,滴管,玻璃棒,洗瓶。

2. 试剂

$ZnSO_4 \cdot 7H_2O$(AR),$0.02\ mol \cdot L^{-1}$ EDTA 标准溶液,$0.1\ mol \cdot L^{-1}$ HNO_3,1∶5 HCl 溶液,20% 六次甲基四胺溶液,0.2% 二甲酚橙水溶液,Bi^{3+}、Pb^{2+} 混合液(Bi^{3+}、Pb^{2+} 各约为 $0.01\ mol \cdot L^{-1}$,含 $0.15\ mol \cdot L^{-1}$ HNO_3[1])。

四、实验内容

1. $0.02\ mol \cdot L^{-1}$ EDTA 溶液的配制

参见实验 12。

2. $0.02\ mol \cdot L^{-1}$ 锌标准溶液的配制

准确称取 1.2~1.5 g $ZnSO_4 \cdot 7H_2O$ 于 250 mL 烧杯中,加入适量水溶解,全部转移至 250 mL 容量瓶中,加入蒸馏水稀释至刻度,摇匀,计算 Zn^{2+} 标准溶液的准确浓度。

3. $0.02\ mol \cdot L^{-1}$ EDTA 标准溶液的标定

移取 25.00 mL 锌标准溶液于 250 mL 锥形瓶中,加入 2 mL 1∶5 盐酸,加入 10 mL 20% 六次甲基四胺溶液,再加入 1~2 滴 0.2% 二甲酚橙指示剂,溶液会变为紫红色,用 $0.02\ mol \cdot L^{-1}$ EDTA 标准溶液滴定溶液由紫红色变为亮黄色为终点,记下终点读数 V,平行滴定三次,计算 EDTA 标准溶液的准确浓度。

4. Bi^{3+}、Pb^{2+} 的连续测定

准确移取 25.00 mL Bi^{3+}、Pb^{2+} 混合液于 250 mL 锥形瓶中,加入 1～2 滴 0.2% 二甲酚橙指示剂,用 EDTA 标准溶液滴定,溶液由紫红色变成亮黄色为滴定终点,记下读数 V_1(mL)。再加入 10 mL 20% 六次甲基四胺溶液,溶液变为紫红色(注:若不为紫红色则需要继续加 20% 六次甲基四胺溶液,直至溶液呈现稳定的紫红色,此时溶液的 pH 为 5～6),再以 EDTA 标准溶液滴定至溶液由紫红色变成亮黄色为终点,记下读数 V_2(mL)。平行测定三次,计算 Bi^{3+}、Pb^{2+} 混合液中 Bi^{3+}、Pb^{2+} 的浓度,以 $g \cdot L^{-1}$ 表示。

【注释】

[1] Bi^{3+} 易水解,开始配制混合试液时,所含 HNO_3 浓度较高,使用前加水稀释至 $0.15\ mol \cdot L^{-1}$ 左右。

五、思考题

(1) 能否取等量混合试液两份,一份控制 pH≈1.0 滴定 Bi^{3+},另一份控制 pH 为 5～6 滴定 Bi^{3+}、Pb^{2+} 总量?为什么?

(2) 滴定 Pb^{2+} 时要调节溶液 pH 为 5～6,为什么加入六次甲基四胺而不加入醋酸钠?

(3) 在测定 Bi^{3+}、Pb^{2+} 的含量时,一般用纯金属锌或锌盐作基准物质标定 EDTA 溶液浓度比用高纯碳酸钙作基准物质标定要合理,为什么?

实验 15　配位滴定法自拟实验

一、实验目的

(1) 巩固配位滴定法的原理。

(2) 应用理论知识进行实际样品测定的配位滴定方案自行设计。

二、配位滴定法自拟实验选题参考

在配位滴定中,能否控制酸度进行滴定是首先要考虑的问题;其次,掩蔽剂的选择及应用是配位滴定成功的关键,有配位、氧化还原和沉淀等掩蔽方法;指示剂的选择是非常重要的,要特别注意金属离子指示剂的酸碱性质和配位性质所造成的滴定误差。

1. 复方炉甘石散剂中氧化锌含量测定

炉甘石是一种外用中药,能解毒明目退翳,收湿止痒敛疮,主要成分是 $ZnCO_3$,其次含有少量的 Al^{3+}、Fe^{3+}、Pb^{2+}、Ca^{2+}、Mg^{2+} 等。测定方法:采用加碱法溶样,使待测离子 Zn^{2+} 与干扰离子 Ca^{2+} 分别生成 $Zn(OH)_2$ 和 $Ca(OH)_2$,经过滤水洗,在除去 Ca^{2+} 的影响后,再用 EDTA 滴定,测定锌离子含量。

【参考资料】 刘晋华,周万新.时珍国医国药,2000,11(6):491～492.

2. 酸雨中硫酸根的测定(EDTA 法)

在南方降水中硫酸根含量通常在 1～20 $mg \cdot L^{-1}$ 范围内。加入乙醇促使 SO_4^{2-} 沉淀完全和抑制 $PbSO_4$ 沉淀的溶解,则不需分离沉淀,用 EDTA 直接进行滴定过量的 Pb^{2+},即可

间接应用于降水中硫酸根的测定。

【参考资料】　刘汉初,倪桃英.理化检验——化学分册.1994.30(3):156～157.

2.3.7　沉淀滴定实验

沉淀滴定法是基于沉淀反应为基础的滴定分析方法。能用于沉淀滴定的反应较少,目前比较有实际意义的是生成难溶银盐的沉淀反应,主要用于 Cl^-、Br^-、I^-、Ag^+ 及 SCN^- 等离子的测定。

实验 16　硝酸银溶液的配制和标定

一、实验目的

(1) 学习 $AgNO_3$ 溶液的配制和标定方法。

(2) 掌握莫尔法的滴定方法。

二、实验原理

$AgNO_3$ 标准溶液有两种配制方法:一是直接用干燥的一级 $AgNO_3$ 试剂配制;二是用一般的硝酸银试剂粗配,然后进行标定。

1. 直接配制

将优级纯的 $AgNO_3$ 结晶置于 110℃ 烘箱中干燥 2 h,以除去吸湿水。然后准确称取一定质量烘干的 $AgNO_3$,溶解后定量转移至容量瓶中,稀释至刻度,即可得到一定浓度的硝酸银标准溶液。

$AgNO_3$ 具有一定的氧化性,与有机物接触容易起氧化还原反应,因此硝酸银溶液应贮存于玻璃塞试剂瓶中,勿与皮肤接触。此外,$AgNO_3$ 见光易分解,析出黑色金属 Ag。

$$2AgNO_3 =\!=\!= 2Ag + 2NO_2 + O_2$$

因此,$AgNO_3$ 标准溶液应贮存于棕色瓶中,并置于暗处,滴定时用棕色酸式滴定管。保存过久的 $AgNO_3$ 标准溶液,应重新标定。

2. 标定法

一般的 $AgNO_3$ 试剂中含有水分、银、有机物、AgO、$AgNO_2$ 以及游离酸和不溶性的杂质,因此不能直接准确配制,必须进行标定。标定 $AgNO_3$ 溶液常用基准试剂 NaCl,NaCl 在使用前需在 500～600℃ 烘箱中干燥 2～3 h,以除去其中吸收的水分,冷却后使用。

三、实验仪器和试剂

1. 仪器

0.1 mg 分析天平,称量瓶,酸式滴定管(棕色),锥形瓶,烧杯,容量瓶,移液管。

2. 试剂

$AgNO_3$(化学纯),NaCl 基准试剂(使用前先在 500～600℃ 烘箱中干燥 2～3 h,保存在干燥器中备用),5% K_2CrO_4 溶液(称取 5 g K_2CrO_4 溶于 100 mL 水中)。

四、实验内容

1. 0.05 mol·L^{-1} NaCl 标准溶液的配制

准确称取 0.25～0.30 g 基准级 NaCl 试剂于小烧杯中,用水溶解后,定量转移至 100 mL 容量瓶中,稀释至刻度,摇匀。

2. 0.05 mol·L^{-1} AgNO$_3$ 溶液的配制

称取 4.2 g AgNO$_3$ 于小烧杯中,溶解后转入棕色试剂瓶中,稀释至 500 mL,摇匀后,置于暗处备用。

3. 0.05 mol·L^{-1} AgNO$_3$ 溶液的标定

准确移取 25.00 mL 0.05 mol·L^{-1} NaCl 标准溶液,置于 250 mL 锥形瓶中,加入 20 mL 水,1 mL 5‰ K$_2$CrO$_4$ 溶液,在充分振荡后,用 AgNO$_3$ 溶液进行滴定,直至溶液呈微红色即为滴定终点。平行滴定三份,记录 AgNO$_3$ 溶液的用量,计算 AgNO$_3$ 溶液的浓度。

五、注意事项

(1) 根据实验需要,AgNO$_3$ 溶液可以几位同学合用,减少不必要的浪费。

(2) 实验结束后,清洗装有 AgNO$_3$ 溶液的滴定管时应先用去离子水冲洗 2～3 次,然后再用自来水清洗,防止产生 AgCl 沉淀,难以洗净。

(3) 含银废液要回收,不可随意倒入水槽中。

(4) 常用的去离子水可能含有少量的 Cl$^-$,实验前应先用 AgNO$_3$ 溶液检查,证明不含 Cl$^-$ 的水才能用来配制 AgNO$_3$ 溶液。同时,实验中使用的所有器皿都要用去离子水清洗干净,防止产生 AgCl 沉淀。

六、思考题

(1) 如何保存配制好的 AgNO$_3$ 溶液,为什么?

(2) 用来标定 AgNO$_3$ 溶液的 NaCl 标准溶液,如果配制 NaCl 溶液前 NaCl 没有进行干燥处理,对 AgNO$_3$ 溶液的浓度有何影响?

实验 17 氯化物中氯含量的测定

一、实验目的

(1) 掌握莫尔法进行沉淀滴定的原理和方法。

(2) 掌握佛尔哈德法进行沉淀滴定的原理和方法。

(3) 学习 NH$_4$SCN 标准溶液的配制和标定方法。

(4) 学习法扬司法进行沉淀滴定的原理和方法。

二、实验原理

1. 莫尔法

可溶性氯化物中测定 Cl$^-$ 时,常采用莫尔法。在中性或弱碱性溶液中以 K$_2$CrO$_4$ 作指示剂,以 $AgNO_3$ 标准溶液直接滴定 Cl^-。

$$Ag^+ + Cl^- \Longrightarrow AgCl \downarrow (白色,K_{sp} = 1.6 \times 10^{-10})$$

$$2Ag^+ + CrO_4^{2-} \Longrightarrow Ag_2CrO_4 \downarrow (砖红色,K_{sp} = 9.0 \times 10^{-12})$$

由于 AgCl 的溶解度小于 Ag_2CrO_4,所以 AgCl 先沉淀出来,当 AgCl 定量沉淀完全后,过量 1 滴的 $AgNO_3$ 溶液即与 CrO_4^{2-} 反应生成砖红色的 Ag_2CrO_4 沉淀,指示终点。

莫尔法应注意酸度和指示剂用量对滴定的影响。滴定必须在中性或弱碱性溶液中进行,适宜的 pH 为 6.5~10.5,原因在于 CrO_4^{2-} 在溶液中存在下列平衡:

$$2H^+ + 2CrO_4^{2-} \Longrightarrow 2HCrO_4^- \Longrightarrow Cr_2O_7^{2-} + H_2O$$

酸度过高,平衡向生成 $HCrO_4^-$、$Cr_2O_7^{2-}$ 方向移动,导致 CrO_4^{2-} 浓度降低,不产生 Ag_2CrO_4 沉淀;若溶液的碱性太强,Ag^+ 则形成 Ag_2O 沉淀。

如有铵盐存在,为避免 $Ag(NH_3)_2^+$ 的生成,溶液的 pH 应控制在 6.5~7.2 之间。

指示剂用量直接影响终点的观察,CrO_4^{2-} 浓度过高,则终点提前到达;CrO_4^{2-} 浓度过低,则终点延后,影响实验结果的准确度。一般 K_2CrO_4 浓度控制在 $5 \times 10^{-3} mol \cdot L^{-1}$。

2. 佛尔哈德法

在酸性被测物溶液中测定 Cl^- 时,先准确加入过量 $AgNO_3$ 标准溶液,然后以铁铵钒 $(NH_4Fe(SO_4)_2)$ 作指示剂,再用 NH_4SCN 标准溶液滴定剩余量的 $AgNO_3$,过量 1 滴 SCN^- 与 Fe^{3+} 形成红色配合物,指示终点到达:

计量点前:　　　　　　$Cl^- + Ag^+(过量) \Longrightarrow AgCl \downarrow (白色)$

$$Ag^+(剩余) + SCN^- \Longrightarrow AgSCN \downarrow (白色)$$

计量点后:　　　　　　$SCN^- + Fe^{3+} \Longrightarrow Fe(SCN)^{2+}(红色)$

佛尔哈德法应在酸性介质中进行,若在中性或弱碱性介质中滴定,指示剂中的 Fe^{3+} 会发生水解生成 $Fe(OH)_3$ 沉淀;而在碱性介质中 Ag^+ 又会形成 Ag_2O 沉淀。但是酸度也不能太高,否则 SCN^- 的酸效应影响严重。

$$SCN^- + H^+ \Longrightarrow HSCN \qquad (K_a = 0.14)$$

因此,综合上述因素佛尔哈德法一般是在 0.1~1 $mol \cdot L^{-1}$ 的 HNO_3 溶液介质中进行。

3. 法扬司法

法扬司法又称为吸附指示法。它可以测定试样中的 Cl^-、Br^-、I^-、SCN^- 的含量。AgX(X 代表 Cl^-、Br^-、I^- 和 SCN^-)胶体沉淀具有强烈的吸附作用,能选择性地吸附溶液中的离子,首先是构晶离子。例如氯化物试样用去离子水溶解后,用荧光黄 HFIn 为吸附指示剂,用 $AgNO_3$ 标准溶液滴定。计量点前,AgCl 沉淀优先吸附构晶离子即过量的 Cl^-,而使沉淀表面带负电荷(AgCl·Cl^-),这时不吸附同样带负电荷的荧光黄阴离子,溶液显黄绿色;稍过计量点,溶液中 Ag^+ 过剩,沉淀吸附 Ag^+ 而带正电荷,同时吸附荧光黄阴离子(AgCl·Ag^+·FIn^-),这时,溶液由黄绿色变成粉红色,指示终点到达。

计量点前:　　　　　　$Ag^+ + Cl^- \Longrightarrow AgCl \downarrow$

$$AgCl + Cl^- \Longrightarrow AgCl \cdot Cl^-$$

计量点后：　　　　　$AgCl + Ag^+ \Longrightarrow AgCl \cdot Ag^+$

$$AgCl \cdot Ag^+ + FIn^-(黄绿色) \Longrightarrow AgCl \cdot Ag^+ \cdot FIn^-(粉红色)$$

荧光黄为有机弱酸,若溶液呈酸性或酸性太强,那么荧光黄阴离子很难释放出来,FIn^-浓度降低则不利于终点观察;但溶液的碱性也不能太强,否则 Ag^+ 会形成 Ag_2O 沉淀。因此,考虑荧光黄的 $K_a=10^{-7}$ 和 Ag^+ 的稳定存在条件,法扬司法滴定时,溶液的酸度应控制在 pH＝7～10。此外,加入糊精或淀粉保护胶体,操作时注意避光。

三、实验仪器与试剂

1. 仪器

0.1 mg 分析天平,称量瓶,酸式滴定管,锥形瓶,烧杯,容量瓶,移液管。

2. 试剂

0.05 mol·L^{-1} $AgNO_3$标准溶液,5％ K_2CrO_4 溶液,NH_4SCN(化学纯),6 mol·L^{-1} HNO_3 溶液,40％铁铵矾溶液(40 g $NH_4Fe(SO_4)_2$·$12H_2O$ 溶于适量水中,然后用 1 mol·L^{-1} HNO_3 溶液稀释至 100 mL),0.1％荧光黄溶液(0.1 g 荧光黄溶于 10 mL 0.1 mol·L^{-1} NaOH 溶液中,用 0.1 mol·L^{-1} HNO_3溶液中和至中性,用 pH 试纸检验,用水稀释至 100 mL),1％糊精溶液(称取 1 g 糊精,用适量水调成糊状,然后在搅拌的情况下注入 100 mL 煮沸的蒸馏水中,煮沸、冷却,备用),食盐(粗样品)。

四、实验内容

1. 0.05 mol·L^{-1} $AgNO_3$标准溶液的配制与标定

参见实验 16。

2. 0.05 mol·L^{-1} NH_4SCN 标准溶液的配制与标定

称取 1.9 g NH_4SCN 固体,溶于 500 mL 去离子水中,摇匀。准确移取 0.05 mol·L^{-1} $AgNO_3$标准溶液 25.00 mL 于锥形瓶中,加入 4 mL 6 mol·L^{-1} HNO_3溶液和 1 mL 40％铁铵矾指示剂,在充分振荡下,用 0.05 mol·L^{-1} NH_4SCN 溶液滴定至溶液出现稳定的淡红色即为终点。平行测定 2～3 次,计算 NH_4SCN 标准溶液的浓度。

3. 可溶性氯化物试液的准备

准确称取氯化物试样 0.6～0.8 g 于小烧杯中,加水溶解后,定量转移至 250 mL 容量瓶中,稀释至刻度。

4. 可溶性氯化物中氯的测定(莫尔法)

准确移取 25.00 mL 上述氯化物试液,加入 20 mL 水、1 mL 5％ K_2CrO_4 溶液,边剧烈摇动边用 $AgNO_3$标准溶液滴定至溶液呈现砖红色沉淀,平行测定 2～3 次。

5. 可溶性氯化物中氯的测定(佛尔哈德法)

准确移取 25.00 mL 上述氯化物试液,加 25 mL 水、新煮沸并冷却的 5 mL 6 mol·L^{-1} HNO_3溶液,在不断摇动下由滴定管中加入 0.05 mol·L^{-1} $AgNO_3$标准溶液约 30 mL(要准确读数),再加入 1 mL 40％铁铵矾指示剂,用 NH_4SCN 标准溶液滴定过量的 Ag^+ 至溶液出现稳定的浅红色,即为终点。平行测定 2～3 次。

6. 可溶性氯化物中氯的测定（法扬司法）

准确移取 25.00 mL 上述氯化物试液，加 10 滴 0.1% 荧光黄指示剂、10 mL 1% 糊精溶液，摇匀后，用 $AgNO_3$ 标准溶液滴定至溶液由黄绿色变成粉红色即为终点，平行测定 2～3 次。

五、思考题

(1) 莫尔法测定氯离子时，对溶液的酸度和 K_2CrO_4 指示剂的用量有何要求？为什么？
(2) 为什么佛尔哈德法测定 Cl^- 比测定 Br^-、I^- 引入误差的机会大？
(3) 法扬司法中，应如何控制溶液的酸度？

实验 18　沉淀滴定法自拟实验

一、实验目的

(1) 巩固沉淀滴定法的原理。
(2) 应用理论知识进行实际样品测定的沉淀滴定方案自行设计。

二、沉淀滴定法自拟实验选题参考

1. 醋酸银溶度积的测定

醋酸银是一种微溶性的强电解质，在一定温度下，饱和的 AgAc 溶液存在下列平衡：

$$AgAc \rightleftharpoons Ag^+ + Ac^-$$

$$K_{sp,AgAc} = [Ag^+][Ac^-] \tag{1}$$

当温度一定时，K_{sp} 不随 $[Ag^+]$ 和 $[Ac^-]$ 的变化而改变。因此，测出饱和溶液中 Ag^+ 和 Ac^- 的浓度，即可求出该温度时的 K_{sp}。

本实验以铁铵矾作指示剂，用 NH_4SCN 标准溶液进行沉淀滴定，测定饱和溶液中 Ag^+ 的浓度，即佛尔哈德直接滴定法：

$$SCN^- + Ag^+ \rightleftharpoons AgSCN$$

$$K_{sp} = [Ag^+][SCN^-] = 1.0 \times 10^{-12}$$

而

$$SCN^- + Fe^{3+} \rightleftharpoons FeSCN^{2+}$$

$$K_{稳} = \frac{[FeSCN^{2+}]}{[SCN^-][Fe^{3+}]} = 8.9 \times 10^2$$

当 Ag^+ 全部沉淀后，溶液中 $[SCN^-] = 10^{-6} mol \cdot L^{-1}$，而人眼能观察到 $FeSCN^{2+}$ 红色时，浓度约为 $10^{-5} mol \cdot L^{-1}$，则要求 $[SCN^-]$ 约为 $2 \times 10^{-5} mol \cdot L^{-1}$，必须在 Ag^+ 全部转化为 AgSCN 白色沉淀后再过量半滴（约 0.02 mL）才能使 $[SCN^-]$ 达到 $2 \times 10^{-5} mol \cdot L^{-1}$，因而可用铁铵矾作指示剂测定 Ag^+ 浓度。

AgAc 饱和溶液中 $[Ac^-]$ 的计算：设 $AgNO_3$ 溶液的浓度为 c_{Ag^+}、体积为 V_{Ag^+}；NaAc 溶

液的浓度为 c_{Ac^-}、体积为 V_{Ac^-}，两者混合后总体积为 $V_{Ag^+}+V_{Ac^-}$（混合后体积变化忽略不计）。用佛尔哈德法测出 AgAc 饱和溶液中的 Ag^+ 浓度为 $[Ag^+]$，则 AgAc 饱和溶液中 $[Ac^-]$ 的浓度为：

$$[Ac^-] = \frac{c_{Ac^-}V_{Ac^-} - c_{Ag^+}V_{Ag^+}}{V_{Ac^-}+V_{Ag^+}} + [Ag^+] \tag{2}$$

将测得的 $[Ag^+]$ 与(2)式计算得到的 $[Ac^-]$ 代入(1)式求得 $K_{sp,AgAc}$。

三、思考题

（1）在酸性介质中用 NH_4SCN 溶液滴定 Ag^+ 优点有哪些？为什么要用 HNO_3 而不用 HCl 或 H_2SO_4 呢？

（2）试验中应该用什么方法过滤混合液？是用干漏斗过滤还是用湿漏斗过滤？

（3）试验中 $AgNO_3$ 和 NaAc 溶液的体积要精确量取吗？

2.3.8　氧化还原滴定实验

氧化还原滴定法是以氧化还原反应为基础的滴定分析方法，可以直接或间接测定许多无机物和有机物，是应用最广泛的滴定分析方法之一。氧化还原反应是基于氧化剂和还原剂之间的电子转移反应，氧化剂和还原剂发生电子转移时由于价态改变而引起电子层结构、化学键及组成变化，反应历程复杂，反应速率差别很大。因此，在氧化还原滴定中，除了从平衡的观点判断反应的可能性外，还应考虑反应机理、反应速率、反应条件及滴定条件的控制问题。

在氧化还原滴定中，通常要对待测组分进行预处理，目的是将待测组分转变为能用氧化剂或还原剂标准溶液滴定的价态。氧化还原滴定方法一般以滴定剂的名称来命名，常用的氧化还原滴定法如高锰酸钾法、重铬酸钾法、碘量法、溴酸钾法和铈量法等。

实验 19　高锰酸钾溶液的配制与标定

一、实验目的

（1）学会高锰酸钾标准溶液的配制及保存方法。

（2）掌握用 $Na_2C_2O_4$ 作基准物质标定高锰酸钾溶液浓度的方法及条件。

二、实验原理

高锰酸钾是强氧化剂，市售高锰酸钾常含有少量 MnO_2 及其他杂质，如硫酸盐、氯化物及硝酸盐等，因此不能用直接法配制高锰酸钾标准溶液，应用间接法配制。标定 $KMnO_4$ 溶液浓度常用的基准物是 $Na_2C_2O_4$。$Na_2C_2O_4$ 标定 $KMnO_4$ 溶液的反应如下：

$$2MnO_4^- + 5H_2C_2O_4 + 6H^+ = 2Mn^{2+} + 10CO_2\uparrow + 8H_2O$$

开始时反应速率较慢，待 Mn^{2+} 生成后，由于 Mn^{2+} 的自动催化作用，加快了反应速率，当达到等当点时，稍过量的高锰酸钾（$2\times10^{-6}mol\cdot L^{-1}$）使溶液呈现稳定的浅红色，指示滴定终点的到达。

酸度及反应温度均影响该反应速度,一般加入 H_2SO_4 调节溶液酸度约 1 mol·L^{-1} 左右,并加热至 75 ～ 85℃,以加快反应速度,但不应加热至沸腾,否则容易引起部分草酸分解,反应式如下:

$$H_2C_2O_4 \Longrightarrow CO_2 \uparrow + CO \uparrow + H_2O$$

此外 $KMnO_4$ 氧化能力强,易和水中的有机物、空气中的尘埃及氨等还原性物质作用;$KMnO_4$ 能自行分解,分解速度随溶液的 pH 而改变,在中性溶液中,分解很慢,但 Mn^{2+} 和 MnO_2 能加速 $KMnO_4$ 的分解,见光则分解得更快。由此可见,配制的 $KMnO_4$ 标准溶液,必须不含杂质,且应保存于暗处。

三、实验仪器和试剂

1. 仪器

0.1 mg 分析天平,称量瓶,玻璃砂芯漏斗(或玻璃纤维),棕色试剂瓶,锥形瓶,酸式滴定管,水浴装置。

2. 试剂

$KMnO_4$(固),$Na_2C_2O_4$(A. R. 或基准试剂),2 ～3 mol·L^{-1} H_2SO_4 溶液。

四、实验内容

1. 0.02 mol·L^{-1} $KMnO_4$ 溶液的配制

视频:$KMnO_4$ 溶液的配制和标定

称取计算量的 $KMnO_4$,溶于适当量的水中,盖上表面皿,加热至沸并保持微沸状态20 ～ 30 min[1]。冷却后在暗处放置 7 ～ 10 天,然后用玻璃砂芯漏斗(或玻璃纤维)过滤除去 MnO_2 等杂质。滤液贮于洁净的玻璃塞棕色瓶中,待标定[2]。

2. 0.02 mol·L^{-1} $KMnO_4$ 溶液浓度的标定

准确称取 0.15 ～ 0.20 g 的 $Na_2C_2O_4$ 基准物质三份,分别置于 250 mL 的锥形瓶中,加水约 50 mL 使之溶解,再加 15 mL 2 ～3 mol·L^{-1} H_2SO_4 溶液,水浴上加热至 75 ～ 85℃,趁热用待标定的 $KMnO_4$ 溶液滴定[3]。滴定开始时,速度不能太快,待溶液中产生了 Mn^{2+} 后,可加快滴定速度,直到溶液中呈现粉红色且经 30 s 不褪,即为终点[4]。

根据滴定所消耗的 $KMnO_4$ 溶液体积和 $Na_2C_2O_4$ 基准物质的质量,计算 $KMnO_4$ 溶液的浓度。

【注释】

[1] 随时加水以补充因蒸发而损失的水。

[2] 如果溶液经煮沸并在水浴上保温 1 h,冷却后过滤,则不必长期放置,就可以标定其浓度。

[3] 由于 $KMnO_4$ 溶液颜色很深,不易观察溶液弯月面的最低点,因此应该从液面最高处读数。

[4] $KMnO_4$ 滴定的终点是不大稳定的,这是由于空气中含有还原性气体及尘埃等杂质,落入溶液中能使 $KMnO_4$ 慢慢分解,而使粉红色消失,所以经过 30 s 不褪色,即可认为终点已到。

五、思考题

（1）配制 $KMnO_4$ 标准溶液时为什么要把 $KMnO_4$ 水溶液煮沸一定时间（或放置数天）？过滤时是否能用滤纸？

（2）配好的 $KMnO_4$ 溶液为什么要装在棕色瓶中放置暗处保存？

（3）用 $Na_2C_2O_4$ 标定 $KMnO_4$ 溶液浓度时，为什么必须在大量 H_2SO_4（可以用 HCl 或 HNO_3 溶液吗?）存在下进行？酸度过高或过低有无影响？为什么要加热至 $75\sim85℃$ 后才能滴定？溶液温度过高或过低有什么影响？

（4）用 $KMnO_4$ 溶液滴定 $Na_2C_2O_4$ 溶液时，为什么第一滴 $KMnO_4$ 溶液加入后红色褪去很慢，以后褪色较快？

实验 20 过氧化氢含量的测定

一、实验目的

（1）掌握 $KMnO_4$ 法测定 H_2O_2 的原理及方法。

（2）加深对 $KMnO_4$ 自动催化反应及自身指示剂的了解及体会。

二、实验原理

过氧化氢在工业、生物、医药等方面应用很广泛。利用 H_2O_2 的氧化性漂白毛、丝织物；医药上常用它消毒和杀菌；纯 H_2O_2 用作火箭燃料的氧化剂；工业上利用 H_2O_2 的还原性除去氯气等等。由于过氧化氢有着广泛的应用，常需要测定它的含量。

H_2O_2 在酸性溶液中是一个强氧化剂，但遇 $KMnO_4$ 时表现为还原剂。测定过氧化氢的含量时，在稀硫酸溶液中用高锰酸钾标准溶液滴定[1]，其反应式为：

$$5H_2O_2 + 2MnO_4^- + 6H^+ =\!=\!= 2Mn^{2+} + 5O_2\uparrow + 8H_2O$$

可利用 MnO_4^- 本身的颜色指示滴定终点。

三、实验仪器和试剂

1. 仪器

玻璃砂芯漏斗（或玻璃纤维），0.1 mg 分析天平，称量瓶，250 mL 容量瓶，吸量管，25 mL 移液管，棕色试剂瓶，锥形瓶，酸式滴定管，水浴装置。

2. 试剂

$Na_2C_2O_4$ 基准物质（于 105℃ 干燥 2 h 后备用），1∶5 H_2SO_4 溶液，0.02 mol·L^{-1} $KMnO_4$ 标准溶液，1 mol·L^{-1} $MnSO_4$ 溶液，30% H_2O_2 溶液。

四、实验内容

1. 0.02 mol·L^{-1} $KMnO_4$ 溶液的配制和标定

参见实验 19。

2. H_2O_2 含量的测定

用吸量管吸取 1.00 mL 原装 30% H_2O_2 置于 250 mL 容量瓶中[2]，加水稀释至刻度，充分摇匀。用移液管移取 25.00 mL 溶液置于 250 mL 锥形瓶中，加 60 mL 水、30 mL 1∶5 H_2SO_4 溶液，用 0.02 mol·L^{-1} KMnO₄ 标准溶液滴定至微红色在半分钟内不消失即为终点。

因 H_2O_2 与 KMnO₄ 溶液开始反应速率很慢，可加入 2 ～ 3 滴 MnSO₄ 溶液（相当于 10 ～ 13 mg Mn^{2+}）为催化剂，以加快反应速率。

【注释】

[1] 若 H_2O_2 试样系工业产品，用上述方法测定的误差较大，因产品中常加入少量乙酰苯胺等有机物质作稳定剂，此类有机物也消耗 KMnO₄。遇此情况应采用碘量法测定：利用 H_2O_2 和 KI 作用，析出 I_2，然后用 $S_2O_3^{2-}$ 标准溶液滴定：

$$H_2O_2 + 2H^+ + 2I^- \longrightarrow 2H_2O + I_2$$

$$I_2 + 2S_2O_3^{2-} \longrightarrow S_4O_6^{2-} + 2I^-$$

[2] 原装 H_2O_2 浓度约 30%，密度约为 1.1 g·mL^{-1}。吸取 1.00 mL 30% H_2O_2 或者移取 10.00 mL 3% H_2O_2 均可。

五、思考题

(1) 用 KMnO₄ 法测定 H_2O_2 时，能否用 HNO₃、HCl 和 HAc 控制酸度？为什么？

(2) 配制 KMnO₄ 溶液时，过滤后的滤器上沾附的物质是什么？应选用什么物质清洗干净？

(3) H_2O_2 有些什么重要性质，使用时应注意些什么？

实验 21　硫酸亚铁铵中铁含量测定（重铬酸钾法）

一、实验目的

(1) 掌握重铬酸钾法测定硫酸亚铁铵中铁含量的方法原理。
(2) 学会邻二氮菲-亚铁氧化还原指示剂的终点颜色观察。
(3) 掌握二苯胺磺酸钠指示剂在铁含量测定中的应用原理。

二、实验原理

用 $K_2Cr_2O_7$ 标准溶液滴定 Fe^{2+} 的反应如下：

$$6Fe^{2+} + Cr_2O_7^{2-} + 14H^+ \longrightarrow 6Fe^{3+} + 2Cr^{3+} + 7H_2O$$

该滴定体系可采用氧化还原指示剂邻二氮菲-亚铁，颜色变化由红色变为浅蓝色指示滴定终点。

也可采用在硫磷混酸介质中，以二苯胺磺酸钠为指示剂，用 $K_2Cr_2O_7$ 标准溶液滴定 Fe^{2+}，至溶液呈现紫色，即达终点。由于在酸性溶液中，以 $K_2Cr_2O_7$ 标准溶液滴定 Fe^{2+} 至 99.9% 时，电极电位达 0.86 V（按 $E^{\ominus}$(Fe^{3+}/Fe^{2+}) = 0.68 V 计算），而二苯胺磺酸钠指示剂

变色点电位为 $E^{\circ}(In)=0.84\ V$,变色点电位不在滴定突跃范围内,终点提前。为了减少终点误差,需要在试液中加入 H_3PO_4。一方面加入的 H_3PO_4 与 Fe^{3+} 生成无色的 $Fe(HPO_4)_2^-$ 配离子而消除 $FeCl_4^-$ 的黄色干扰;另一方面,由于 $Fe(HPO_4)_2^-$ 的生成,降低了 Fe^{3+}/Fe^{2+} 电对的电位,使化学计量点附近的电位突跃增大,指示剂二苯胺磺酸钠的变色点落在滴定突跃范围之内,提高了滴定的准确度。

三、实验仪器和试剂

1. 仪器

0.1 mg 分析天平,称量瓶,500 mL 容量瓶,25 mL 移液管,锥形瓶,酸式滴定管。

2. 试剂

$K_2Cr_2O_7$(AR 或基准试剂,在 150~180℃烘干 2 h),5 g·L^{-1} 邻二氮菲-亚铁溶液,0.1 mol·L^{-1} $(NH_4)_2Fe(SO_4)_2$ 溶液,$(NH_4)_2Fe(SO_4)_2·6H_2O$(固体),3 mol·L^{-1} H_2SO_4,0.2%二苯胺磺酸钠指示剂,硫磷混合酸(按硫酸:磷酸:水=2:3:5比例混合)。

四、实验内容

1. 0.017 mol·L^{-1} $K_2Cr_2O_7$ 标准溶液的配制

按计算量在分析天平上准确称取重铬酸钾,溶于适量水中,然后定量转移入 500 mL 的容量瓶中,用水稀释至刻度,摇匀。

2. 硫酸亚铁铵中铁含量测定

方法一:用移液管准确移取 25.00 mL 0.1 mol·L^{-1} $(NH_4)_2Fe(SO_4)_2$ 溶液三份,分别置于 250 mL 锥形瓶中,加入 3 mol·L^{-1} H_2SO_4 溶液 15 mL,蒸馏水 30 mL,加 1~2 滴邻二氮菲-亚铁指示剂。然后用 $K_2Cr_2O_7$ 标准溶液滴定至溶液呈稳定的浅蓝色,即为终点。计算铁的含量。

方法二:准确称取 1 g 左右已干燥的 $(NH_4)_2Fe(SO_4)_2·6H_2O$ 两份,加 25 mL H_2O 和 10 mL 3 mol·L^{-1} H_2SO_4 溶液,再加 10 mL 硫磷混合酸,5 滴 0.2%二苯胺磺酸钠指示剂,立即用 $K_2Cr_2O_7$ 标准溶液滴定至出现紫色为终点。根据 $K_2Cr_2O_7$ 标准溶液的用量计算试样中铁的百分含量。

五、思考题

(1) 采用邻二氮菲-亚铁指示剂其变色点电位是多少?若采用二苯胺磺酸钠作指示剂,哪个引起的滴定误差大?

(2) 滴定体系中为什么要加 3 mol·L^{-1} H_2SO_4 溶液?

实验 22　硫代硫酸钠溶液的配制和标定

一、实验目的

(1) 掌握 $Na_2S_2O_3$ 溶液的配制方法和保存条件。

(2) 了解标定 $Na_2S_2O_3$ 溶液浓度的原理和方法。

（3）了解淀粉指示剂的变色原理及变色过程。

二、实验原理

硫代硫酸钠溶液是碘量法中常用的标准溶液。固体硫代硫酸钠（$Na_2S_2O_3 \cdot 5H_2O$）一般都含有少量杂质，如 S、Na_2SO_3、Na_2SO_4、Na_2CO_3 及 NaCl 等，同时还容易风化和潮解，因此不能直接配制准确浓度的溶液。

$Na_2S_2O_3$ 溶液易受微生物、空气中的氧以及溶解在水中的 CO_2 的影响而分解：

$$Na_2S_2O_3 \xrightarrow{\text{细菌}} Na_2SO_3 + S\downarrow$$

$$2S_2O_3^{2-} + O_2 \longrightarrow 2SO_4^{2-} + 2S\downarrow$$

$$S_2O_3^{2-} + CO_2 + H_2O \longrightarrow HSO_3^- + HCO_3^- + S\downarrow$$

为了减少上述副反应的发生，配制 $Na_2S_2O_3$ 溶液时应用新煮沸后冷却的蒸馏水，并加入少量 Na_2CO_3（约 0.02%）使溶液呈微碱性，也可加入少量 HgI_2（$10 \text{ mg} \cdot L^{-1}$）作杀菌剂。日光能促进 $Na_2S_2O_3$ 溶液分解，所以 $Na_2S_2O_3$ 溶液应贮于棕色瓶中，放置暗处，经 1～2 周再标定。长期使用的溶液，应定期标定。

通常用 $K_2Cr_2O_7$ 或纯铜作基准物质标定 $Na_2S_2O_3$ 溶液的浓度。

酸性溶液中 $K_2Cr_2O_7$ 先与 KI 反应析出 I_2，析出的 I_2 再用标准 $Na_2S_2O_3$ 溶液滴定：

$$Cr_2O_7^{2-} + 6I^- + 14H^+ = 2Cr^{3+} + 3I_2 + 7H_2O$$

$$I_2 + 2S_2O_3^{2-} = S_4O_6^{2-} + 2I^-$$

纯铜作基准物质是基于弱酸性溶液中 Cu^{2+} 与过量的 KI 反应定量析出 I_2，然后用 $Na_2S_2O_3$ 标准溶液进行滴定，反应式如下：

$$2Cu^{2+} + 4I^- = 2CuI\downarrow + I_2$$

$$I_2 + 2S_2O_3^{2-} = S_4O_6^{2-} + 2I^-$$

三、实验仪器和试剂

1. 仪器

0.1 mg 分析天平，称量瓶，1 L 棕色试剂瓶，25 mL 移液管，250 mL 碘量瓶或锥形瓶，滴定管。

2. 试剂

$Na_2S_2O_3 \cdot 5H_2O$（固），Na_2CO_3（固），KI（固），10% KI 溶液，0.5% 可溶性淀粉溶液，$K_2Cr_2O_7$（AR 或基准试剂，在 150～180℃烘干 2 h），纯铜（$w > 99.9\%$），30% H_2O_2 溶液，10% KSCN 溶液，6 mol·L^{-1} HCl 溶液，1 mol·L^{-1} H_2SO_4 溶液。

四、实验内容

1. 0.1 mol·L^{-1} $Na_2S_2O_3$ 溶液的配制

称取 25 g $Na_2S_2O_3 \cdot 5H_2O$ 于 500 mL 烧杯中，加入 300～500 mL 新

视频：$Na_2S_2O_3$
溶液的标定

煮沸已冷却的蒸馏水,待完全溶解后,加入 0.1 g Na_2CO_3,然后用新煮沸已冷却的蒸馏水稀释至 1 L,贮于棕色瓶中,在暗处放置 7～14 天后标定。

2. 用 $K_2Cr_2O_7$ 标准溶液标定 $Na_2S_2O_3$ 溶液浓度

准确称取已烘干的 $K_2Cr_2O_7$ 适量(A. R.,其质量相当于 20～30 mL 0.1 mol·L^{-1} $Na_2S_2O_3$ 溶液)于 250 mL 碘量瓶,加入 10～20 mL 水使之溶解,再加入 20 mL 10%KI 溶液(或 2 g 固体 KI)和 6 mol·L^{-1} HCl 溶液 5 mL,混匀后用玻璃塞塞好,放在暗处 5 min[1]。然后用 50 mL 水稀释[2],用 0.1 mol·L^{-1} $Na_2S_2O_3$ 溶液滴定到呈浅黄绿色,加入 0.5% 淀粉溶液 2 mL,继续滴定至蓝色变亮绿色,即为终点[3]。根据 $K_2Cr_2O_7$ 的质量及消耗的 $Na_2S_2O_3$ 溶液体积,计算 $Na_2S_2O_3$ 溶液的浓度。

3. 用纯铜标定 $Na_2S_2O_3$ 溶液浓度

准确称取 0.2 g 左右纯铜,置于 250 mL 烧杯中,在通风橱内加入约 10 mL 6 mol·L^{-1} HCl,在摇动下逐滴加入 2～3 mL 30% H_2O_2,至金属铜分解完全。加热,将多余的 H_2O_2 分解赶尽[4],冷却。然后定量转入 250 mL 容量瓶中,加水稀释至刻度,摇匀,从而制得 Cu^{2+} 标准溶液。

准确移取 25.00 mL Cu^{2+} 标准溶液于 250 mL 锥形瓶中(最好是碘量瓶),加入 3 mL 1 mol·L^{-1} H_2SO_4 溶液和约 30 mL 水,混匀。加入 20 mL 10%KI 溶液(或 2 g 固体 KI),立即用待标定的 $Na_2S_2O_3$ 溶液滴定至呈淡黄色。然后加入 2 mL 0.5% 淀粉溶液[5],继续滴定至浅蓝色。再加入 10 mL 10% KSCN 溶液[6],摇匀后溶液蓝色转深,再继续滴定至蓝色恰好消失为终点(此时溶液为米色 CuSCN 悬浮液)。根据纯铜的质量及消耗的 $Na_2S_2O_3$ 溶液体积,计算 $Na_2S_2O_3$ 溶液的浓度。

【注释】

[1] $K_2Cr_2O_7$ 与 KI 的反应不是立刻完成的,在稀溶液中反应更慢,因此应等反应完全后再加水稀释。在上述条件下,大约经 5 min 反应即可完成。

[2] 生成的 Cr^{3+} 显绿色,妨碍终点观察。滴定前预先稀释,一方面,可使 Cr^{3+} 浓度降低,绿色变浅,终点时溶液由蓝变到绿,容易观察。另一方面,由于 $K_2Cr_2O_7$ 与 KI 反应产生的 I_2 的浓度较高,稀释可降低 I_2 的挥发损失。同时稀释也使溶液的酸度降低,适用于 $Na_2S_2O_3$ 滴定 I_2。

[3] 滴定完全的溶液放置后会变蓝色。如果不是很快变蓝(经过 5～10 min),那就是由于空气氧化所致。如果很快而且又不断变蓝,说明 $K_2Cr_2O_7$ 和 KI 的作用在滴定前进行得不完全,溶液稀释得太早。

[4] 用纯铜标定 $Na_2S_2O_3$ 溶液时,所加入的 H_2O_2 不能过量太多,金属铜分解完后,一定要把多余的 H_2O_2 赶尽,否则影响后面的测定结果。

[5] 加淀粉不能太早,因反应中产生大量的 CuI 沉淀,若淀粉与 I_2 过早形成蓝色配合物,大量 I_3^- 被 CuI 沉淀吸附,终点呈较深的灰色,不好观察。

[6] 加入 KSCN 不能过早,而且加入后要剧烈摇动,有利于沉淀的转化和释放出吸附的 I_3^-。

五、思考题

(1) 如何配制和保存浓度比较稳定的 $Na_2S_2O_3$ 标准溶液?

(2) 用 $K_2Cr_2O_7$ 作基准物质标定 $Na_2S_2O_3$ 溶液时,为什么要加入过量的 KI 和 HCl 溶液?为什么放置一定时间后才加水稀释?

(3) 用纯铜标定 $Na_2S_2O_3$ 溶液时为什么要在弱酸性溶液中进行?为什么临近终点时加入 KSCN 溶液?

实验 23 硫酸铜中铜含量测定(间接碘量法)

一、实验目的

(1) 了解碘量法测定铜的原理。

(2) 掌握间接碘量法的操作过程。

二、实验原理

碘量法测定硫酸铜中的铜含量是基于 Cu^{2+} 与过量的 KI 反应定量析出 I_2,然后用 $Na_2S_2O_3$ 标准溶液进行滴定,反应式如下:

$$2Cu^{2+} + 4I^- \rightleftharpoons 2CuI\downarrow + I_2$$

$$I_2 + 2\,S_2O_3^{2-} \rightleftharpoons S_4O_6^{2-} + 2I^-$$

Cu^{2+} 与 I^- 的反应是可逆反应,为了使反应趋于完全,必须加入过量的 KI。但是由于 CuI 沉淀强烈地吸附 I_3^-,会使测定结果偏低。如果加入 KSCN,使 CuI($K_{sp}=5.06\times10^{-12}$) 转化为溶解度更小的 CuSCN($K_{sp}=4.8\times10^{-15}$):

$$CuI + SCN^- \rightleftharpoons CuSCN\downarrow + I^-$$

这样不但可释放出被吸附的 I_3^-,而且反应再生了 I^-,可减少 KI 的用量。但是,KSCN 只能在接近终点时加入,否则较多的 I_2 会明显地为 KSCN 所还原而使结果偏低:

$$SCN^- + 4I_2 + 4H_2O \rightleftharpoons SO_4^{2-} + 7I^- + ICN + 8H^+$$

同时,为了防止铜盐水解,反应必须在酸性溶液中进行。酸度过低,铜盐水解而使 Cu^{2+} 氧化 I^- 进行不完全,造成结果偏低,而且反应速度慢,终点拖长;酸度过高,则 I^- 被空气氧化为 I_2 的反应被 Cu^{2+} 催化,使结果偏高。

大量 Cl^- 能与 Cu^{2+} 配合,导致 I^- 不易从 Cu(II)离子的氯配合物中将 Cu^{2+} 定量地还原,因此最好使用硫酸而不用盐酸(少量盐酸不干扰)。

利用间接碘量法标定 $Na_2S_2O_3$ 溶液采用的基准物质有 $K_2Cr_2O_7$、KIO_3、$KBrO_3$ 和纯铜等。铜盐、矿石或合金中铜含量的测定[1],最好以纯铜作为标定 $Na_2S_2O_3$ 溶液的基准物质,以 NH_4HF_2 为缓冲溶液,一方面可以控制溶液 pH 为 $3\sim4$,另一方面可以利用 F^- 与 Fe^{3+} 形成稳定的配合物而消除矿样中铁的干扰。

三、实验仪器和试剂

1. 仪器

0.1 mg 分析天平,称量瓶,1 L 棕色试剂瓶,250 mL 碘量瓶或锥形瓶,酸式滴定管。

2. 试剂

Na$_2$S$_2$O$_3$·5H$_2$O(固),Na$_2$CO$_3$(固),KI(固),10% KI 溶液,0.5%可溶性淀粉溶液,K$_2$Cr$_2$O$_7$(AR 或基准试剂,在 150～180℃烘干 2 h),纯铜(w>99.9%),30% H$_2$O$_2$溶液,10% KSCN 溶液,20% NH$_4$HF$_2$溶液,1∶1 HAc 溶液,6 mol·L^{-1} HCl 溶液,1∶1 氨水溶液。

四、实验内容

1. 0.1 mol·L^{-1} Na$_2$S$_2$O$_3$溶液的配制和标定

参见实验 22。

2. 硫酸铜试样中铜的测定

精确称取硫酸铜试样(每份相当于 20～30 mL 0.1 mol·L^{-1} Na$_2$S$_2$O$_3$标准溶液)于 250 mL 碘量瓶或锥形瓶中,加入约 30 mL 水,溶解试样[2]。滴加 1∶1 氨水至沉淀刚刚生成,然后加入 8 mL 1∶1 HAc 溶液,10 mL NH$_4$HF$_2$溶液,20 mL 10% KI 溶液(或 2 g 固体 KI),立即用 Na$_2$S$_2$O$_3$标准溶液滴定至呈淡黄色。然后加入 2 mL 0.5%淀粉溶液,继续滴定至浅蓝色。再加入 10 mL 10% KSCN 溶液,摇匀后溶液蓝色转深,再继续滴定至蓝色恰好消失为终点(此时溶液为米色 CuSCN 悬浮液)。记录下消耗的 Na$_2$S$_2$O$_3$标准溶液的体积,计算试样中铜的质量分数。

【注释】

[1] 矿石或合金中的铜也可以用碘量法测定。但必须设法防止其他能氧化 I$^-$ 的物质(如 NO$_3^-$、Fe^{3+} 等)的干扰。防止的方法是加入掩蔽剂以掩蔽干扰离子(例如使 Fe^{3+} 生成 FeF$_6^{3-}$ 配离子而被掩蔽)或在测定前将它们分离除去。若有 As(Ⅴ)、Sb(Ⅴ)存在,则应将 pH 调至 4,以免它们氧化 I$^-$。

[2] 为防 Cu^{2+} 水解,溶解时可加少量的稀硫酸溶液。

五、思考题

(1) 用碘量法测定铜含量时,为什么要加入 KSCN 溶液?为什么不能在酸化后立即加入 KSCN 溶液?

(2) 用 Na$_2$S$_2$O$_3$标准溶液测定铜矿或铜合金中的铜,最好用什么基准物质标定 Na$_2$S$_2$O$_3$溶液的浓度?

(3) 试述分析矿石或合金中的铜含量时,干扰杂质的消除方法。

实验 24 氧化还原滴定法自拟实验

一、实验目的

(1) 巩固氧化还原滴定法的原理。
(2) 应用理论知识进行实际样品测定的氧化还原滴定方案自行设计。

二、氧化还原滴定法自拟实验选题参考

1. 水中 COD 的测定

在酸性介质中以重铬酸钾为氧化剂,测定化学需氧量的方法记作 COD$_{cr}$,这是目前应用最为广泛的方法(见 GB1 1914—1989)。该法适用范围广泛,可用于污水中化学需氧量的测

定,缺点是测定过程中带来 Cr(VI)、Hg^{2+} 等有害物质的污染。分析步骤如下:在水样中加入 $HgSO_4$ 消除 Cl^- 的干扰,加入过量 $K_2Cr_2O_7$ 标准溶液,在强酸介质中,以 Ag_2SO_4 作为催化剂,回流加热,待氧化作用完全后,以 $1,10$-邻二氮菲-亚铁为指示剂,用 Fe^{2+} 标准溶液滴定过量的 $K_2Cr_2O_7$。

2. 甘油的测定

在强碱性溶液中,$KMnO_4$ 与某些有机物反应后,还原为绿色的 MnO_4^{2-}。利用这一反应,可用高锰酸钾法测定某些有机化合物。

例如,将甘油加到一定量过量的碱性 $KMnO_4$ 标准溶液中,反应式如下:

$$\begin{array}{ccc}CH_2&-CH-&CH_2\\|&|&|\\OH&OH&OH\end{array}+14MnO_4^-+20OH^-\longrightarrow 3CO_3^{2-}+14MnO_4^{2-}+14H_2O$$

待反应完全后,将溶液酸化,此时 MnO_4^{2-} 发生歧化反应:

$$3MnO_4^{2-}+4H^+ =\!=\!= 2MnO_4^-+MnO_2+2H_2O$$

准确加入过量 $FeSO_4$ 标准溶液,将所有高价锰离子全部还原为 Mn^{2+},再用 $KMnO_4$ 标准溶液滴定过量的 Fe^{2+}。由两次加入 $KMnO_4$ 的量及 $FeSO_4$ 的量计算甘油的含量。

3. 漂白粉中有效氯的测定

漂白粉的主要成分是 $Ca(ClO)_2$,还可能含有 $CaCl_2$、$Ca(ClO_3)_2$ 和 CaO 等。漂白粉的质量以能释放出来的氯量来衡量,称为有效氯,以含 Cl 的质量分数表示。

测定漂白粉中的有效氯时,使试样溶于稀 H_2SO_4 介质中,加过量 KI,反应生成的 I_2,用 $Na_2S_2O_3$ 标准溶液滴定,反应为:

$$ClO^-+2I^-+2H^+ =\!=\!= I_2+Cl^-+H_2O$$

$$ClO_2^-+4I^-+4H^+ =\!=\!= 2I_2+Cl^-+2H_2O$$

$$ClO_3^-+6I^-+6H^+ =\!=\!= 3I_2+Cl^-+3H_2O$$

【参考资料】

1. 武汉大学主编. 分析化学实验. 第四版. 北京:高等教育出版社,2001.
2. 武汉大学主编. 分析化学. 第五版. 北京:高等教育出版社,2006.

§2.4　重量分析法

在重量分析中,一般是用适当的方法将被测组分与试样中的其他组分分离,转化为一定的称量形式,然后称量,由此测定物质含量的方法。

根据被测组分与其他组分分离的方法,化学分析中常用沉淀重量法和挥发重量法。前者是将被测物质以微溶化合物的形式沉淀出来,将其转变成一定的称量形式后测定物质含量的方法;后者是利用物质的挥发性,通过加热或其他方法使试样中的待测组分挥发逸出,然后根据试样质量的减少计算待测组分的含量。

重量分析的基本操作包括:样品溶解、沉淀、过滤、洗涤、烘干和灼烧、称量等步骤。任何一个环节都会影响最后的分析结果,故每一步操作都需认真、正确。

2.4.1 滤纸和滤器

滤纸分为定性滤纸和定量滤纸两大类,重量分析中使用的是定量滤纸。定量滤纸经灼烧后,灰分小于0.0001 g者称"无灰滤纸",在重量分析中其质量可忽略不计;若灰分质量大于0.0002 g(即分析天平的称量误差),则需从沉淀物中扣除其质量。定量滤纸一般为圆形,按直径大小分为11 cm、9 cm、7 cm、4 cm等规格;按其孔径大小,分为快速、中速、慢速三种。在过滤时,应根据沉淀的性质来选择定量滤纸,滤纸大小的选择应注意沉淀物完全转入滤纸中后,沉淀物的高度一般不超过滤纸圆锥高度的1/3处。滤纸的型号、性质和适用范围见表2-10。

表2-10 国产滤纸的型号与性质

项目	分类与标志	型号	灰分/mg/张	孔径/μm	过滤物晶形	适应过滤的沉淀	相对应的沙芯玻璃坩埚号
定量	快速黑色或白色纸带	201	<0.10	80~120	胶状沉淀物	$Fe(OH)_3$ $Al(OH)_3$ H_2SiO_3	G-1 G-2 可抽滤稀胶体
	中速蓝色纸带	202	<0.10	30~50	一般结晶形沉淀	SiO_2 $MgNH_4PO_4$ $ZnCO_3$	G-3 可抽滤粗晶形沉淀
	慢速红色或橙色纸带	203	0.10	1~3	较细结晶形沉淀	$BaSO_4$ CaC_2O_4 $PbSO_4$	G-4 G-5 可抽滤细晶形沉淀
定性	快速黑色或白色纸带	101	—	>80	无机物沉淀的过滤分离及有机物重结晶的过滤	—

滤器通常用玻璃漏斗和微孔玻璃滤器两种。

1. 玻璃漏斗

玻璃漏斗洗净后,用洁净的手取一张滤纸整齐地对折,使其边缘重合,再对折叠一次(注意第二次对折时不要折死),然后根据选好玻璃漏斗的角度展开滤纸成圆锥体,一边一层,另一边为三层,放入洁净的漏斗中。标准的漏斗为60°的圆锥角,若滤纸与漏斗不完全密合,可调整滤纸的折叠角度直到完全密合为止。实验中,将三层厚的滤纸外层撕下一角并保存在洁净干燥的表面皿中,以待后面转移沉淀时擦玻璃棒和烧杯用。滤纸的折叠和安放方法如图2-20所示。

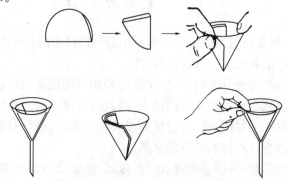

图2-20 滤纸的折叠和安放

　　滤纸折叠和安放在漏斗后,用手指按住三层厚的一边,用洗瓶挤出少量的水将滤纸润湿,然后轻压滤纸赶出气泡,直至滤纸与漏斗间没有空隙。为了保证较快的过滤速度,漏斗颈内应能形成水柱。具体的做法是:加水至滤纸边缘,这时漏斗内被水全部充满,形成水柱,当漏斗内的水全部流出后,颈内仍能保留水柱且无气泡。若不能形成完整的水柱,可用手指堵住漏斗口,将三层滤纸厚的一边略微掀起并加入适量的水,直至漏斗颈和锥体的大部分被水充满;然后紧压滤纸边缘,排出气泡,最后慢慢松开堵住漏斗口的手指,即可形成水柱。在过滤和洗涤过程中,借助水柱的抽吸作用可明显加快过滤速度,缩短实验时间。

　　过滤时,将准备好的漏斗放在架好的过滤架上,下面放一洁净的烧杯承接滤液。注意,漏斗颈出口长的一边靠着烧杯壁,使滤液沿壁流下以防冲溅;同时漏斗的出口一定要高于液面。

　　2. 微孔玻璃滤器

　　微孔玻璃滤器有微孔玻璃漏斗和玻璃坩埚两种,如图 2-21 所示,其滤板是用玻璃粉末在高温下熔结而成的,因此又常称为玻璃钢砂芯漏斗或坩埚。此类滤器均不能过滤强碱性溶液,以免强碱腐蚀玻璃微孔。按微孔的孔径大小由大到小可分为六级,即 $G_1 \sim G_6$(或称 1 号~6 号)。其规格和用途见表 2-11。

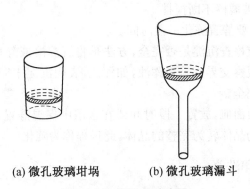

(a) 微孔玻璃坩埚　　　　(b) 微孔玻璃漏斗

图 2-21　微孔玻璃滤器

表 2-11　微孔玻璃漏斗(坩埚)的规格和用途

滤板编号	孔径/μm	用　途	滤板编号	孔径/μm	用　途
G_1	20~30	滤除大沉淀物及胶状沉淀物	G_4	3~4	滤除液体中细的沉淀物或极细沉淀物
G_2	10~15	滤除大沉淀物及气体洗涤	G_5	1.5~2.5	滤除较大杆菌及酵母
G_3	4.5~9	滤除细沉淀及水银过滤	G_6	1.5 以下	滤除 1.4~0.6 μm 的病菌

　　微孔玻璃漏斗(坩埚)使用时注意:新的滤器使用前应用热浓盐酸或铬酸洗液边抽滤边清洗,再用蒸馏水洗净。使用后的微孔玻璃滤器,针对不同沉淀物采用适当的洗涤剂洗涤。首先用洗涤剂、水反复抽洗或浸泡玻璃滤器,再用蒸馏水冲洗干净,在110℃条件下烘干,保存在无尘柜或有盖容器中备用。表 2-12 列出微孔玻璃滤器的常用洗涤剂可供选用。

表 2-12　微孔玻璃滤器的常用洗涤剂

沉淀物	洗涤剂
AgCl	1：1 氨水或 10% $Na_2S_2O_3$ 溶液
$BaSO_4$	100℃浓硫酸或 EDTA-NH_3溶液（3% EDTA 二钠盐 500 mL 与浓氨水 100 mL 混合），加热洗涤
氧化铜	热 $KClO_4$ 或 HCl 混合液
有机物	铬酸洗液

2.4.2　沉淀的生成

重量分析要求被测组分沉淀完全、纯净、溶解损失少，要达到此目的，尽量创造条件以获得晶形粗大的晶形沉淀。对晶形沉淀的沉淀条件应做到"五字原则"，即稀、热、慢、搅、陈。

① 稀：沉淀的溶液配制要适当稀，同时沉淀剂也用稀溶液。

② 热：沉淀应在热溶液中进行。

③ 慢：沉淀剂的加入速度要缓慢。

④ 搅：沉淀时要用玻璃棒不断搅拌。

⑤ 陈：沉淀完全后，要静置陈化一段时间。

沉淀反应结束后，应检查沉淀是否完全，方法是将沉淀溶液静止一段时间后，向上层溶液中滴加 1 滴沉淀剂，观察交界面是否浑浊，如浑浊，表明沉淀未完全，还需加入沉淀剂；反之，如清亮则表示沉淀完全。

沉淀完全后，盖上表面皿，放置一段时间或在水浴中保温静置 1 h 左右，让沉淀的小晶体生成大晶体，不完整的晶体转为完整的晶体，此过程称为陈化。

2.4.3　沉淀的过滤和洗涤

过滤的目的在于将沉淀从母液中分离出来，使其与过量的沉淀剂及其他杂质组分分开；洗涤的目的是为了洗去沉淀表面所吸附的杂质和残留的母液，获得纯净的沉淀。过滤和洗涤必须一次完成，不能间断。在操作过程中，不得造成沉淀的损失。

过滤分为两种情况：一用滤纸过滤；二用微孔玻璃漏斗或玻璃坩埚过滤。

1. 用滤纸过滤

过滤分三步进行。第一步采用倾泻法，尽可能地过滤上层清液，如图 2-22 所示；第二步转移沉淀到漏斗上；第三步清洗烧杯和漏斗上的沉淀。此三步操作一定要一次完成，不能间断，尤其是过滤胶状沉淀时更应如此。

第一步采用倾泻法是为了避免沉淀过早堵塞滤纸上的空隙，影响过滤速度。沉淀剂加完后，静置一段时间，待沉淀下降后，将上层清液沿玻璃棒倾入漏斗中，玻璃棒要直立，下端对着滤纸的三层边，尽可能靠近滤纸但不接触。倾入的溶液量一般只充满滤纸的 2/3，离滤纸上边缘至少 5 mm，否则少量沉淀因毛细管作用越过滤纸上缘，造成损失。

图 2-22　倾泻法过滤

暂停倾泻溶液时，烧杯应沿玻璃棒使其向上提起，逐渐使烧杯直立，以免使烧杯嘴上的液滴流失。可在带沉淀的烧杯下放置一块小木头，使烧杯倾斜，以利沉淀和清液分开，待烧杯中清液澄清后，继续倾注，重复上述操作，直至上层清液倾完为止。开始过滤后，要检查滤液是否透明，如浑浊，应另换一个洁净烧杯，将滤液重新过滤。

用倾泻法将清液完全过滤后，应对沉淀做初步洗涤。选用什么洗涤液，应根据沉淀的类型和实验内容而定，洗涤时，沿烧杯壁旋转着加入约 10 mL 洗涤液（或蒸馏水）冲洗烧杯四周内壁，使黏附着的沉淀集中在烧杯底部，待沉淀下沉后，按前述方法，倾出清液，如此重复 3～4 次，然后再加入少量洗涤液于烧杯中，搅动沉淀使之均匀，立即将沉淀和洗涤液一起，通过玻璃棒转移至漏斗上，再加入少量洗涤液于杯中，搅拌均匀，转移至漏斗上，重复几次，使大部分沉淀都转移到滤纸上，然后将玻璃棒横架在烧杯口上，下端应在烧杯嘴上，且超出杯嘴 2～3 cm，用左手食指压住玻璃棒上端，大拇指在前，其余手指在后，将烧杯倾斜放在漏斗上方，杯嘴向着漏斗，玻璃棒下端指向滤纸的三边层，用洗瓶或滴管冲洗烧杯内壁，沉淀连同溶液流入漏斗中（如图 2-23 所示）。如有少许沉淀牢牢黏附在烧杯壁上而冲洗不下来，可用前面折叠滤纸时撕下的纸角，以水湿润后，先擦玻璃棒上的沉淀，再用玻璃棒按住纸块沿杯壁自上而下旋转着把沉淀擦"活"，然后用玻璃棒将它拨出，放入该漏斗中心的滤纸上，与主要沉淀合并，用洗瓶冲洗烧杯，把擦"活"的沉淀微粒冲入漏斗中。在明亮处仔细检查烧杯内壁、玻璃棒、表面皿是否干净、不黏附沉淀，若仍有一点痕迹，再行擦拭，转移，直到完全为止。

图 2-23　转移沉淀的操作

图 2-24　在滤纸上洗涤沉淀

沉淀全部转移至滤纸上后，接着要进行洗涤，目的是除去吸附在沉淀表面的杂质及残留液。洗涤方法如图 2-24 所示，将洗涤液装入洗瓶，轻轻挤压洗瓶，使洗涤液充满洗瓶的导出管后，再将洗瓶拿在漏斗上方，使洗瓶的水流从滤纸的多重边缘开始，螺旋形地往下移动，最后到多重部分停止，这称为"从缝到缝"，这样，可使沉淀洗得干净且可将沉淀集中到滤纸的底部。为了提高洗涤效率，应掌握洗涤方法的要领。洗涤沉淀时要少量多次，即每次螺旋形往下洗涤时，所用洗涤液的量要少，以便于尽快沥干，沥干后，再行洗涤。如此反复多次，直至沉淀洗净为止，这通常称为"少量多次"原则。

过滤和洗涤沉淀的操作，必须不间断地一次完成。若时间间隔过久，沉淀会干涸，粘成一团，就几乎无法洗涤干净了。

2. 用微孔玻璃漏斗或玻璃坩埚过滤

不需称量的沉淀或烘干后即可称量或热稳定性差的沉淀，均应在微孔玻璃漏斗（坩埚）内进行过滤。玻璃漏斗（坩埚）必须在抽滤的条件下，采用倾泻法过滤，其过滤、洗涤、转移沉淀等操作均与滤纸过滤法相同。

2.4.4 沉淀的烘干与灼烧

沉淀经加热处理,即获得组成恒定的与化学式表示组成完全一致的沉淀。

1. 沉淀的包裹

对于胶状沉淀,因体积大,可用扁头玻璃棒将滤纸的三层部分挑起,向中间折叠,将沉淀全部盖住,如图 2-25 所示,再用玻璃棒轻轻转动滤纸包,以便擦净漏斗内壁可能粘有的沉淀。然后将滤纸包转移至已恒重的坩埚中,进行烘干与灼烧。

图 2-25 胶状沉淀的包裹

包裹晶形沉淀可按照图 2-26(a)法或图 2-26(b)法卷成小包,将沉淀包好后,用滤纸原来不接触沉淀的那部分,将漏斗内壁轻轻擦一下,擦下可能粘在漏斗上部的沉淀微粒。把滤纸包的三层部分向上放入已恒重的坩埚中,这样可使滤纸较易灰化。

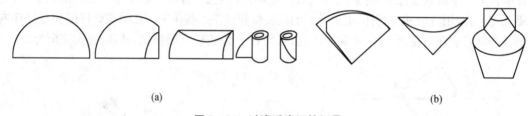

(a)   (b)

图 2-26 过滤后滤纸的折叠

2. 沉淀的烘干

烘干一般是在 250℃ 以下进行。将放有沉淀包的坩埚倾斜置于泥三角上,使多层滤纸部分朝上,以利烘干,如图 2-27(a)所示。沉淀烘干这一步不能太快,尤其对于含有大量水分的胶状沉淀,很难一下烘干,若加热太猛,沉淀内部水分迅速汽化,会挟带沉淀溅出坩埚,造成实验失败。

对用微孔玻璃滤器过滤的沉淀,可用烘干方法处理。其方法为将微孔玻璃滤器连同沉淀放在表面皿上,置于烘箱中,选择合适温度。第一次烘干时间可稍长(如 2 h),第二次烘干时间可缩短为 40 min,沉淀烘干后,置于干燥器中冷至室温后称量。如此反复操作几次,直至恒重为止。注意每次操作条件要保持一致。

3. 滤纸的炭化和灰化

当滤纸包烘干后,滤纸层变黑而炭化,此时应控制火焰大小,使滤纸只冒烟而不着火,因为着火后,火焰卷起的气流会将沉淀微粒吹走。如果滤纸着火,应立即停止加热,用坩埚钳夹住坩埚盖将坩埚盖住,让火焰自行熄灭,切勿用嘴吹熄。

滤纸全部炭化后,把煤气灯置于坩埚底部,逐渐加大火焰,并使氧化焰完全包住坩埚,烧至红热,把炭完全烧成灰,这种将炭燃烧成二氧化碳除去的过程叫灰化,如图 2-27(b)所示。

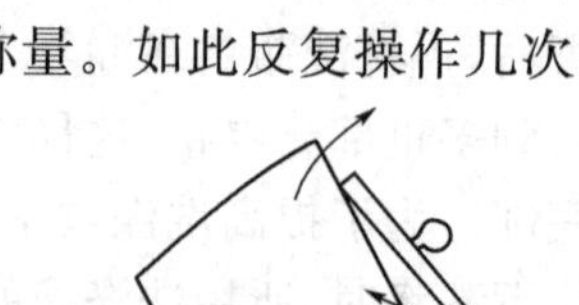

(b)   (a)

图 2-27 沉淀的干燥和灼烧

(a) 沉淀的干燥和滤纸的炭化

(b) 滤纸的灰化和沉淀的灼烧

4. 沉淀的灼烧

灼烧是指高于 250℃ 以上温度进行的处理。它适用于用滤纸过滤的沉淀,灼烧是在预先已烧至恒重的瓷坩埚中进行的。

滤纸灰化后,将坩埚移入马弗炉中(根据沉淀性质调节适当温度),盖上坩埚盖,但留有空隙。在与灼热空坩埚相同的温度下,灼烧 40～45 min,与空坩埚灼烧操作相同,取出,冷至室温,称量。然后进行第二次、第三次灼烧,直至坩埚和沉淀恒重为止。一般第二次以后只需灼烧 20 min 即可。所谓恒重,是指相邻两次灼烧后的称量差值不大于 0.3 mg。每次灼烧完毕从炉内取出后,都应在空气中稍冷后,再移入干燥器中,冷却至室温后称量。然后再灼烧、冷却、称量,直至恒重。要注意每次灼烧、称量和放置的时间都要保持一致。

2.4.5　马弗炉

先将温度控制器的温控指针(或旋钮)调至需要的温度,把坩埚放至炉膛内,关闭炉门。

接通电源,打开温度控制器的电源开关,即开始加热,当温度指示指针达到调节温度时,即可恒温灼烧,此时红绿灯应不时交替熄亮。

马弗炉使用的注意事项:

(1) 灼烧完毕后,应先拉下电闸,切断电源。但不可立即打开炉门,以免炉膛骤然受冷碎裂。一般可先开一条小缝,让其降温快些,最后用长柄坩埚钳取出被烧物体。

(2) 马弗炉在使用时,要经常照看,防止自控失灵,造成电炉丝烧断等事故。晚间无人看管时,切勿启用马弗炉。

(3) 炉膛内要保持清洁,炉子周围不要堆放易燃易爆物品。

(4) 马弗炉不用时,应切断电源,并将炉门关好,防止耐火材料受潮侵蚀。

实验 25　$BaCl_2 \cdot 2H_2O$ 中钡含量的测定(硫酸钡重量法)

一、实验目的

(1) 掌握晶形沉淀的沉淀条件和沉淀方法。

(2) 学习沉淀的过滤、洗涤、灼烧的操作技术。

(3) 掌握硫酸钡重量法测定 $BaCl_2$ 中钡含量的原理和方法。

二、实验原理

$BaSO_4$ 重量法既可用于测定 Ba^{2+} 的含量,也可用于测定 SO_4^{2-} 的含量。含 $BaCl_2$ 的试样溶解于水后,用稀盐酸酸化,加热至近沸,在不断搅动下,缓慢地加入热、稀的 H_2SO_4 溶液,Ba^{2+} 与 SO_4^{2-} 作用,形成微溶于水的沉淀。沉淀经陈化、过滤、洗净、烘干、炭化、灰化和灼烧后,以 $BaSO_4$ 形式称量,即可求得 $BaCl_2$ 中钡含量。

Ba^{2+} 可生成一系列微溶化合物,如 $BaCO_3$、BaC_2O_4、$BaCrO_4$、$BaHPO_4$、$BaSO_4$ 等,其中以 $BaSO_4$ 溶解度最小,100 mL 溶液中,100℃ 时溶解 0.4 mg,25℃ 时仅溶解 0.25 mg,当过量沉淀剂存在时,因同离子效应溶解度大为减小,一般可以忽略不计。

硫酸钡重量法一般在 0.05 mol·L^{-1} 左右盐酸介质中进行沉淀,它是为了防止产生

$BaCO_3$、$BaHPO_4$、$BaHAsO_4$ 沉淀以及防止生成 $Ba(OH)_2$ 共沉淀。同时,适当提高酸度,增加 $BaSO_4$ 在沉淀过程中的溶解度,以降低其相对过饱和度,有利于获得较好的晶形沉淀。

用 $BaSO_4$ 重量法测定 Ba^{2+} 时,一般用稀 H_2SO_4 作沉淀剂。为了使 $BaSO_4$ 沉淀完全,H_2SO_4 必须过量。由于 H_2SO_4 在高温下可挥发除去,故沉淀带下的 H_2SO_4 不致引起误差,因此沉淀剂可过量 50%～100%。但 NO_3^-、ClO_3^-、Cl^- 等阴离子和 K^+、Na^+、Ca^{2+}、Fe^{3+} 等阳离子,均可以引起共沉淀现象,故应严格掌握沉淀条件,减少共沉淀现象,以获得纯净的 $BaSO_4$ 晶形沉淀。

三、实验仪器及试剂

1. 仪器

瓷坩埚 25 mL 2 个,0.1 mg 分析天平,定量滤纸(慢速),玻璃漏斗 2 个,马弗炉,干燥器。

2. 试剂

1 mol·L^{-1} H_2SO_4 溶液,2 mol·L^{-1} HCl 溶液,0.1 mol·L^{-1} $AgNO_3$ 溶液,$BaCl_2$·$2H_2O$(A.R)。

四、实验步骤

1. 瓷坩埚的准备

洗净瓷坩埚,晾干,然后在 800～850℃马弗炉中灼烧。第一次灼烧 30～45 min,取出稍冷片刻后,转入干燥器中冷至室温后称量。然后再放入同样温度的马弗炉中,进行第二次灼烧 15～20 min,取出稍冷后,转入干燥器中冷至室温,再称量,如此同样操作,直至恒重[1]为止。

2. 试样分析

准确称取 0.4～0.6 g $BaCl_2$·$2H_2O$ 试样两份[2],分别置于两个 250 mL 烧杯中,加水约 70 mL,2～3 mL 2 mol·L^{-1} HCl 溶液,盖上表面皿,加热至近沸,溶解,但勿使试液沸腾,以防溅失。与此同时,另取 4 mL 1 mol·L^{-1} H_2SO_4 溶液两份,置于小烧杯中,用水稀至 30 mL,加热至近沸。然后将近沸的两份 H_2SO_4 溶液用胶头滴管逐滴地分别加到两份热的钡盐溶液中,并用玻璃棒不断搅动,直至两份分别全部加入为止。

待沉淀下沉后,在上层清液中加入 1～2 滴 1 mol·L^{-1} H_2SO_4,仔细观察沉淀是否完全,如已沉淀完全,盖上表面皿,将玻璃棒靠在烧杯嘴边(切勿将玻璃棒拿出杯外,以免损失沉淀),置于水浴或沙浴上加热,陈化 0.5～1 h,并不时搅动。也可将沉淀在室温下放置过夜陈化。溶液冷却后,用慢速定量滤纸过滤,先将上层清液倾注在滤纸上,再以稀 H_2SO_4 为洗涤液(洗涤液用 2～4 mL 1 mol·L^{-1} H_2SO_4 稀释至 200 mL 配成),洗涤沉淀 3～4 次,每次约用 10 mL,洗涤时均用倾泻法过滤。然后,将沉淀小心转移至滤纸上,用淀帚由上至下擦拭烧杯内壁,并用一小片滤纸擦净杯壁(该滤纸片是从折叠滤纸时撕下的小片),将此滤纸片放在漏斗内的滤纸上,再用水洗涤沉淀至无氯离子为止(用 $AgNO_3$ 溶液检查,检查方法是:用 10 mL 离心管收集 2 mL 滤液,加入 2 滴 0.1 mol·L^{-1} $AgNO_3$,直到不显浑浊为止)。将沉淀和滤纸置于已恒重的瓷坩埚中,经干燥、炭化、灰化后[3],在 800～850℃[4]下灼烧至恒重[5]。

3. 结果处理

根据称得的 $BaSO_4$ 质量计算试样 $BaCl_2 \cdot 2H_2O$ 中 Ba 的百分含量。

【注释】

[1] 恒重是指两次灼烧后,称量物质质量的质量差在 $0.2\sim0.3$ mg 之间(此质量差值对不同沉淀形式应有不同的要求)。坩埚和沉淀进行恒重操作时,每次应注意放置相同的冷却时间、相同的称量时间。总之,恒重过程中,要保持各种操作的一致性。

[2] 一般需要平行做三份,各院校可根据实验室条件,要求学生做两份或三份。

[3] 沉淀及滤纸的干燥、炭化和灰化过程,应在煤气灯上或电炉上进行,不能在马弗炉中进行。

[4] 灼烧 $BaSO_4$ 沉淀的温度不能超过 $900℃$,否则,$BaSO_4$ 将与炭作用而被还原,反应式如下:

$$BaSO_4 + 4 C =\!=\!= BaS + 4 CO \uparrow$$

$$BaSO_4 + 4 CO =\!=\!= BaS + 4 CO_2 \uparrow$$

[5] 称量时,要注意无论是坩埚及其盖放进天平中,或从天平中取出时,均应通过坩埚钳进行操作,切不许用手直接拿取。

五、思考题

(1) 为什么要在稀 HCl 介质中沉淀 $BaSO_4$? HCl 加入太多有什么影响?

(2) 为什么沉淀 $BaSO_4$ 时要在热溶液中进行而在冷却后过滤? 沉淀后为什么要陈化?

(3) 若 $BaCl_2 \cdot 2H_2O$ 称量过多,对测定有何影响?

(4) 试解释用 $BaSO_4$ 重量法测定 Ba^{2+} 和测定 SO_4^{2-} 时,沉淀剂的过量程度有何不同? 为什么?

(5) 若 $BaSO_4$ 沉淀未干燥、炭化和灰化时,即将沉淀送至马弗炉中灼烧,有什么坏处?

(6) 重量法中灼烧至恒重是什么意思?

(7) 用 $BaCl_2$ 作为沉淀剂,测定 SO_4^{2-} 时,用什么溶液作为洗涤液? 能用 H_2SO_4 或 $BaCl_2$ 溶液吗?

实验 26　氯化钡中结晶水的测定(挥发法)

一、实验目的

(1) 掌握重量分析法的基本操作。

(2) 学会气化法测定氯化物中结晶水的方法。

二、实验原理

结晶水是水合结晶物质中结构内部的水,加热至一定温度,即可以失去。失去结晶水的温度往往随物质的不同而异,如 $BaCl_2 \cdot 2H_2O$ 的结晶水加热到 $120\sim125℃$ 即可失去。

称取一定质量的结晶氯化钡,在上述温度下加热到质量不再改变时为止。试样减轻的质量就等于结晶水的质量。

三、实验仪器和试剂

1. 仪器

称量瓶(2 只),0.1 mg 分析天平,干燥器,烘箱。

2. 试剂

$BaCl_2 \cdot 2H_2O$ 试样。

四、实验内容

1. 试样的称取

取两个称量瓶,仔细洗净后置于烘箱中(烘时应将瓶盖取下横搁于瓶口上),在 125℃ 温度下烘干,约烘 1.5~2 h 后把称量瓶及盖一起放在干燥器中。冷却至室温,在分析天平上准确称取其质量。再将称量瓶放入烘箱中烘干、冷却、称量,重复进行,直至恒重。

称取 1.4~1.5 g 的 $BaCl_2 \cdot 2H_2O$ 两份,分别置于已恒重的称量瓶中,盖好盖子,再准确称其质量。在所得质量中减去称量瓶的质量,即得 $BaCl_2 \cdot 2H_2O$ 试样质量。

2. 烘去结晶水

将盛有试样的称量瓶放入加热至 125℃ 的烘箱中,瓶盖仍横搁于瓶口上,保持约 2 h。然后用坩埚钳将称量瓶移入干燥器内;冷却至室温后把称量瓶盖好,准确称其质量。再在 125℃ 温度下烘半小时,取出放入干燥器中冷却,再准确称其质量,如此反复操作,直至恒重。

由称量瓶和试样质量中减去最后称出的质量(即称量瓶和 $BaCl_2$ 的质量),即得结晶水的质量。

五、注意事项

(1) 烘箱温度不要高于 125℃,否则 $BaCl_2$ 可能有部分挥发。

(2) 在热的情况下,称量瓶盖子不要盖严,以免冷却后盖子不易打开。

(3) 加热时间不能少于 1 h。

(4) 两次质量之差在 0.2 mg 以下,即可认为达到恒重。

六、实验数据记录及处理

按下式计算结晶水的百分含量:

$$w(H_2O) = \frac{G}{W} \times 100\%$$

式中:G 是失去水分质量,g;W 为试样质量,g。

由 $w(H_2O)$ 计算氯化钡中结晶水的分子数 n:

$$1 : n = \frac{1 - w(H_2O)}{M(BaCl_2)} : \frac{w(H_2O)}{M(H_2O)}$$

即:

$$n = \frac{208.2 \times w(H_2O)}{18.02 \times [1 - w(H_2O)]}$$

式中：$M(BaCl_2)$ 为 $BaCl_2$ 的摩尔质量，$208.2 \text{ g} \cdot \text{mol}^{-1}$；$M(H_2O)$ 为 H_2O 的摩尔质量，$18.02 \text{ g} \cdot \text{mol}^{-1}$。

七、思考题

(1) 加热的温度为什么要控制在125℃以下？

(2) 加热的时间应该控制多少？

(3) 什么叫恒重，如何进行恒重的操作？

(4) 在加热时应注意什么问题？

实验27　重量分析法自拟实验

一、实验目的

(1) 巩固重量分析法的基本操作。

(2) 应用理论知识进行实际样品测定的重量分析方案自行设计。

二、重量分析法自拟实验选题参考

1. 钢铁中镍含量的测定（丁二酮肟有机试剂沉淀重量分析法）

丁二酮肟是二元弱酸（以 H_2D 表示），存在如下离解平衡：

$$H_2D \underset{+H^+}{\overset{-H^+}{\rightleftharpoons}} HD^- \underset{+H^+}{\overset{-H^+}{\rightleftharpoons}} D^{2-}$$

其分子式为 $C_4H_8O_2N_2$，摩尔质量为 $116.2 \text{ g} \cdot \text{mol}^{-1}$，在氨性溶液中能与 Ni^{2+} 发生沉淀反应：

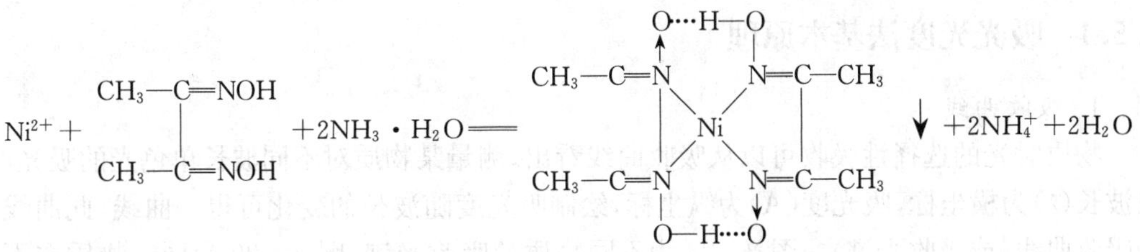

沉淀经过滤、洗涤，在120℃下烘干至恒重，称得丁二酮肟镍沉淀的质量 $m(Ni(HD)_2)$，按下式计算 Ni 的质量分数：

$$\omega(Ni) = \frac{m(Ni(HD)_2) \times \dfrac{M_{Ni}}{M_{Ni(HD)_2}}}{m_s}$$

式中：M_{Ni}、$M_{Ni(HD)_2}$ 分别为 Ni 和 $Ni(HD)_2$ 的摩尔质量，$\text{g} \cdot \text{mol}^{-1}$；$m(Ni(HD)_2)$ 为丁二酮肟镍沉淀的质量，g；m_s 为钢铁样品的质量，g。

该沉淀反应的适宜 pH 为 $8 \sim 9$，通常加氨性缓冲溶液控制溶液的 pH。酸度过大，生成 H_2D，酸效应影响严重，使沉淀溶解度增大；酸度过小，由于生成 D^{2-}，同样将增加沉淀的溶解度。此外,氨浓度太高,会生成 Ni^{2+} 的氨配合物。

丁二酮肟是一种高选择性的有机沉淀剂,它只与 Ni^{2+}、Pd^{2+}、Fe^{2+} 生成沉淀。当有 Co^{2+}、Cu^{2+} 共存时,能与其生成水溶性配合物,不仅会消耗 H_2D,且会引起共沉淀现象。因此,Co^{2+}、Cu^{2+} 含量高时,最好进行二次沉淀或预先分离。

由于 Fe^{3+}、Al^{3+}、Cr^{3+}、Ti^{4+} 等离子在氨性溶液中易生成氢氧化物沉淀,干扰测定,故在溶液加氨水前,需加入柠檬酸或酒石酸,使其生成水溶性的配合物,以消除干扰。

三、思考题

(1) 溶解试样时加入 HNO_3 的作用是什么?

(2) 为了得到纯净的丁二酮肟镍沉淀,应选择和控制好哪些实验条件?

(3) 重量法测定镍,也可将丁二酮肟镍灼烧成氧化镍称量(至恒重)。这与本方法相比较哪种方法较为优越?为什么?

【参考资料】

1. 钢铁中镍含量的测定. 网址:http://www. chem. whu. edu. cn/chem/content/fxhx.

2. 2008 版国家标准.《GB/T 223.25—1994 钢铁及合金化学分析方法 丁二酮肟重量法测定镍量》.

§2.5 吸光光度法

基于被测物质的分子对光具有选择性吸收而建立起来的分析方法称为吸光光度法。它包括比色法、可见分光光度法、紫外分光光度法和红外光谱法等。吸光光度法与化学分析法相比,具有灵敏度高、准确度高、操作简便快速和应用广泛的特点。吸光光度法属于仪器分析法中的光谱分析法范畴。本教材只讨论溶液在可见光区(400～760 nm)的吸光光度法。

2.5.1 吸光光度法基本原理

1. 吸收曲线

物质对光的选择性吸收可以从吸收曲线看出,测量某物质对不同波长单色光的吸光度,以波长(λ)为横坐标,吸光度(A)为纵坐标,绘制吸光度随波长的变化可得一曲线,此曲线即为吸收曲线(或吸收光谱)。图 2-28 为不同物质的吸收光谱,图 2-29 为同一物质在不同浓度下的吸收光谱。从图 2-28 中可以看出物质不同吸收光谱也不同;从图 2-29 中可以

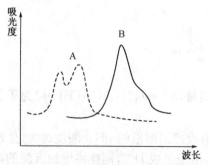

图 2-28 不同物质的吸收光谱

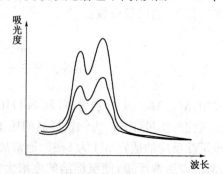

图 2-29 同一物质在不同浓度下的吸收光谱

看出相同物质吸收光谱相同,浓度改变,吸收光谱形状不变,但吸光度改变。吸收光谱是吸光光度法定性分析的基础,同时吸收光谱也是定量分析中确定测量波长的依据,通常以最大吸收峰对应的波长作为测量波长。

2. 朗伯-比耳定律

朗伯(Lambert)和比耳(Beer)分别于 1760 年和 1852 年研究了光的吸收与有色溶液的液层厚度及溶液浓度的定量关系,两者的结合称为朗伯-比耳定律,其数学表达式为:

$$A = \varepsilon b c$$

式中:A 为吸光度;ε 为摩尔吸光系数,$L \cdot mol^{-1} \cdot cm^{-1}$;$b$ 为液层厚度,cm;c 为溶液浓度,$mol \cdot L^{-1}$。

由此可见,在一定条件下,物质对光的吸收与物质的浓度成正比,这是吸光光度法定量分析的基础。

3. 灵敏度表示方法

摩尔吸光系数 ε 是吸光物质在一定波长和介质中的特征常数,反映该吸光物质的灵敏度。ε 值越大,表示该吸光物质对此波长光的吸收能力越强,显色反应越灵敏,在最大吸收波长处的摩尔吸光系数常以 ε_{max} 表示;吸光光度法的灵敏度除用摩尔吸光系数 ε 表示外,还常用桑德尔(Sandell)灵敏度 S 表示,其含义为:当光度仪器的检测限为 $A = 0.001$ 时,单位截面积光程内所能检出的吸光物质的最低质量($\mu g \cdot cm^{-2}$)。若吸光物质的摩尔质量为 $M(g \cdot mol^{-1})$,桑德尔灵敏度 S 与摩尔吸光系数 ε 关系如下:

$$S = \frac{M}{\varepsilon}$$

可见,某物质的摩尔吸光系数 ε 越大,其桑德尔灵敏度 S 越小,即该测定方法的灵敏度越高。

4. 定量分析方法

(1) 标准曲线法(工作曲线法)

根据朗伯-比耳定律,在一定条件下,物质对光的吸收与物质的浓度成正比,标准曲线法就是根据这一原理来实现定量分析。具体方法为:在选择的实验条件下分别测量一系列不同浓度的标准溶液的吸光度,以标准溶液中待测组分的浓度 c 为横坐标,吸光度 A 为纵坐标作图,得到一条通过原点的直线,称为标准曲线。再在同样条件下测量待测溶液的吸光度 A_x,在标准曲线上就可以查到与之相对应的被测物质的浓度 c_x,如图 2-30 所示。

标准曲线是仪器分析中常用的一种定量分析方法,标准曲线还可以通过最小二乘法用一元线性回归方程表示,下面介绍最小二乘法处理数据过程。

设自变量 $x_1, x_2, x_3, \cdots, x_n$(如浓度),应变量 $y_1, y_2, y_3, \cdots, y_n$(如仪器的信号值:吸光光度法中的吸光度、电位分析法中的电位、色谱分析法中的峰

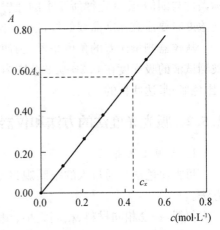

图 2-30 标准曲线

高或峰面积等),则:

$$\overline{x} = \frac{1}{n} \sum x_i; \quad \overline{y} = \frac{1}{n} \sum y_i$$

令 $S_{xx} = \sum (x_i - \overline{x})^2$; $S_{yy} = \sum (y_i - \overline{y})^2$; $S_{xy} = \sum (x_i - \overline{x})(y_i - \overline{y})$,则:

$$线性相关系数 \, r = \frac{S_{xy}}{\sqrt{S_{xx}S_{yy}}}$$

$$回归方程斜率 \, a = \frac{S_{xy}}{S_{xx}}$$

$$截距 \, b = \overline{y} - a\overline{x}$$

$$回归方程(一元线性) \, y = ax + b$$

一元线性回归方程还可以通过 Excel 软件来制作。在 Excel 中,回归方程的斜率对应的函数为 slope,截距对应的函数为 intercept,线性相关系数对应的函数为 correl。当自变量与应变量完全呈线性关系时,线性相关系数应为 1。吸光光度法的定量基础是朗伯-比尔定律,在一定条件下,吸光度与浓度呈正比,实验要求线性相关系数应≥0.999,否则应重做。

(2) 比较法

当溶液浓度在线性范围内时,且试样浓度(c_x)与标准溶液浓度(c_s)接近时,在相同条件下测得试样溶液与标准溶液的吸光度 A_x 和 A_s。

由 $A_x = \varepsilon b c_x$,$A_s = \varepsilon b c_s$,得:

$$c_x = c_s \cdot \frac{A_x}{A_s}$$

(3) 吸光光度法的误差

在吸光光度分析中,经常出现标准曲线不呈直线的情况,特别是当吸光物质浓度较高时,明显地看到标准曲线弯曲的现象,这种情况称为偏离朗伯-比尔定律。若在曲线弯曲部分进行定量分析,将会引起较大的误差。偏离朗伯-比尔定律的原因主要是仪器或溶液的实际条件与朗伯-比尔定律所要求的理想条件不一致,这就要求我们在配制标准溶液和试样溶液浓度时要注意标准曲线的线性范围问题。

从仪器测量误差的角度来看,为使测量结果得到较高的准确度,一般应控制标准溶液和被测试液的吸光度在 0.2~0.8 范围内。可通过控制溶液的浓度或选择不同厚度的吸收池(比色皿)来达此目的。

2.5.2 吸光光度法的方法和仪器简介

1. 目视比色法

目视比色法是通过人的眼睛观察比较有色溶液颜色深浅从而确定被测组分含量的分析方法。

仪器:一套相同材料、相同大小、相同形状的比色管。

方法步骤:首先配制一系列不同浓度的标准溶液,然后在相同条件下进行显色得到标准色阶,最后在相同条件下对试样溶液进行显色,通过比较试样溶液与标准色阶的颜色来确定试样溶液的浓度。

2. 光电比色法

光电比色法是利用光电效应原理通过光电比色计测定有色溶液吸光度从而确定被测组分含量的分析方法。

仪器:光电比色计。光电比色计主要由四部分组成,即光源、滤光片、吸收池(比色皿)和检测器。

方法步骤:首先配制一系列不同浓度的标准溶液,然后在相同条件下进行显色得到一组有色标准溶液,测定其吸光度,绘制标准曲线;最后在相同条件下对试样溶液进行显色,通过测定试样溶液的吸光度,由标准曲线来确定试样溶液的浓度。

3. 分光光度法

分光光度法是利用光电效应原理通过分光光度计测定有色溶液吸光度从而确定被测组分含量的分析方法。

仪器:分光光度计。分光光度计主要由四部分组成,即光源、单色器(棱镜或光栅)、吸收池(比色皿)和检测器。

方法步骤:同光电比色法。

2.5.3　可见分光光度计

1. 721 型分光光度计

(1) 仪器的光学系统

721 型分光光度计光学系统如图 2-31 所示,由光源 5 发出的连续辐射光线,照射到聚光透镜 6 上,汇聚后经过平面镜转角 $90°$,射至入射狭缝 1。由此射入到单色光器内,狭缝 1 正好位于球面准直镜 3 的焦面上,当入射光线经准直镜 3 反射后就以一束平行光射向棱镜 4(该棱镜的背面镀铝)发生色散,入射角在最小偏向角,从棱镜色散后出来的光线

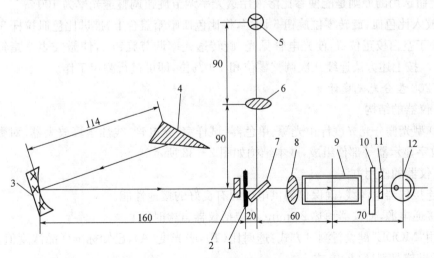

图 2-31　721 型分光光度计光学系统

1. 狭缝　2. 保护玻璃　3. 准直镜　4. 色散棱镜　5. 光源灯 12 V 25 W　6. 聚光透镜
7. 反射镜　8. 聚光透镜　9. 比色皿　10. 光门　11. 保护玻璃　12. 光电管

（单色光）依原路稍偏转一个角度反射回来，汇聚在出光狭缝上（出光狭缝和入光狭缝是一体的），单色光经聚光透镜 8 汇聚后照射到比色皿 9，透过光经光门 10 和保护玻璃 11 后照射到光电管 12，根据光电效应原理形成光电流。经过有关电路运算，求出溶液的吸光度或透光率。

（2）仪器的使用方法

721 型分光光度计仪器面板见图 2-32。

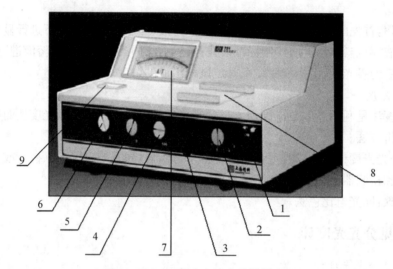

图 2-32　721 型分光光度计仪器面板

1. 电源开关　2. 灵敏度旋钮　3. 比色皿拉杆　4. 透光率旋钮　5. 零位旋钮
6. 波长旋钮　7. 微安表　8. 比色皿暗箱盖　9. 波长读数窗口

① 打开电源开关 1，指示灯亮，打开比色皿暗箱盖 8，预热 20 min。

② 调节波长选择旋钮 6，选择所需的单色光波长，用灵敏度旋钮 2 选择所需的灵敏度。灵敏度旋钮选用的原则是能使参比溶液用透光率调节旋钮调整透光率为 100％。

③ 放入比色皿，旋转零位旋钮 5 调零，将比色皿暗箱盖合上，推进比色皿拉杆 3，使参比比色皿处于空白校正位置，使光电管见光，旋转透光率调节旋钮 4，使微安表 9 指针准确处于 100％。按上述方法连续几次调整零位和 100％位，即可进行测定工作。

2. 7200 型分光光度计

（1）仪器的结构

7200 型光栅分光光度计由光源、单色器、试样室、光电管、线性运算放大器、对数运算放大器及数字显示器等部件组成，基本结构如图 2-33 所示。

（2）仪器的使用方法

① 连接仪器电源线，确保仪器供电电源有良好的接地性能。

② 接通电源，使仪器预热 20 min（不包括仪器自检时间）。

③ 用"MODE"键设置测试方式：透射比（T），吸光度（A），已知标准样品浓度值方式（C）和已知标准样品斜率（F）方式。

④ 用波长选择旋钮设置分析波长。

⑤ 将参比溶液和被测溶液分别倒入比色皿中（注意：倒入溶液体积约占比色皿体积的

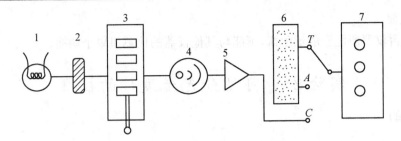

图 2-33　7200 型分光光度计结构示意图

1. 光源　2. 单色器　3. 试样室　4. 光电管　5. 线性运算放大器
6. 对数运算放大器　7. 数字显示器

3/4,不能倒入太满,否则溶液易溢出),打开样品室盖,将盛有溶液的比色皿分别插入比色皿槽中。注意比色皿透光部分表面不能有指印、溶液痕迹,被测溶液中不能有气泡、悬浮物,否则将影响样品测试的精度。

⑥ 将 0% T 校具(黑体)置入光路中,在 T 方式下按"0% T"键,此时显示器显示"000.0"。

⑦ 将参比溶液推(拉)入光路,按"100% T"键调 100% 透光率,此时显示器显示"BLA"直至显示"100.0"为止。

⑧ 按⑥、⑦方法连续几次调整零位和 100%位,即可进行测定工作。

⑨ 将被测溶液推(拉)入光路,按"MODE"键设置测试方式为吸光度(A),即可测定被测溶液的吸光度。

3. 可见分光光度计使用的注意事项

(1) 仪器使用前需开机预热 20 min。

(2) 为确保仪器稳定,在电压波动较大时,应将 220 V 电源预先稳压。

(3) 当仪器工作不正常时,如数字显示无亮光、光源灯不亮时,应检查仪器后盖保险丝是否损坏,然后检查电源是否接通,再查电路。

(4) 开关试样室盖时动作要轻缓。

(5) 不要在仪器上方倾倒测试样品,以免样品污染仪器表面,损坏仪器。

(6) 测定吸收曲线时,每更换一个波长,需要重新用参比溶液调节透光率为 100%。

(7) 每次使用结束后,应仔细检查样品室内是否有溶液溢出,若有溢出必须随时用滤纸吸干,否则会引起测量误差或影响仪器使用寿命。

(8) 每周要检查一次仪器内部干燥筒内防潮硅胶是否已经变色,如发现已变为红色,应及时取出调换或烘干至蓝色,待冷却后再放入。

4. 比色皿使用的注意事项

(1) 取拿比色皿时,应用手捏住比色皿的毛面,切勿触及透光面,以免透光面被玷污或磨损。

(2) 被测液以倒至比色皿的约 2/3～3/4 高度处为宜。

(3) 在测定一系列溶液的吸光度时,通常都是按从稀到浓的顺序进行以减小误差。使用的比色皿必须先用待测溶液润洗 2～3 次。

(4) 比色皿外壁的液体应用吸水纸吸干。

(5) 清洗比色皿时,一般用水冲洗。如比色皿被有机物玷污,宜用盐酸-乙醇混合液(1:2)浸泡片刻,再用水冲洗。不能用碱液或强氧化性洗涤液清洗,也不能用毛刷刷洗,以免损伤比色皿。

(6) 每台仪器所配套的比色皿,不能与其他仪器的比色皿单个调换。

实验 28 可见分光光度计的校准

一、实验目的

(1) 了解分光光度计的基本构造与应用。

(2) 掌握可见分光光度计的使用方法与校准方法。

二、方法原理

可见分光光度计是一种结构简洁、使用方便的单光束分光光度计。基于样品对单色光的选择吸收特性,可用于对样品进行定性和定量分析。分光光度计属于实验室计量仪器的一种,按国家标准必须定期检定,进行量值溯源。只有熟练地操作仪器,定期检定,才能确保仪器波长和吸光度的精确度,从而才能保证测定的准确性,同时还能及时发现仪器存在的问题。分光光度法相对误差可控制在 2‰~5‰,好的检测设备可达到 1‰~2‰。所以规范使用,规范校准仪器,对提高检测数据质量尤为重要。

三、实验仪器和试剂

1. 仪器

可见分光光度计、电子天平、容量瓶(1 000 mL、25 mL)。

2. 试剂

0.004 mol/L $KMnO_4$(Mr 158.03)标准溶液:准确称取 0.632 1 g 固体 $KMnO_4$,用水溶解定容至 1 000 mL。

碱性重铬酸钾标准溶液:将在 110℃ 干燥 3 h 以上的重铬酸钾(分析纯)配制成 0.030 3 g/L 浓度的标准溶液。配制所用溶剂是 0.05 mol/L 的氢氧化钾溶液。

四、实验内容

1. 波长的校准

根据物质的颜色与吸收光颜色的互补关系,将比色皿架取下,插入一块白色硬纸片,打开光源灯,将波长调节器在 700 nm 向 420 nm 方向慢慢转动,观察从出口狭缝射出的光线颜色是否与波长调节器所示的波长符合。如符合,则说明分光系统基本正常。

表 2-13 物质的颜色与吸收光颜色的关系

物质颜色	吸收光颜色	波长/nm	物质颜色	吸收光颜色	波长/nm
黄绿	紫	400~450	紫	蓝绿	560~580
黄	蓝	450~480	蓝	黄	580~610
橙	绿蓝	480~490	绿蓝	橙	610~650
红	蓝绿	490~500	蓝绿	红	650~760
紫红	绿	500~560			

2. 用高锰酸钾标准溶液校准波长

以高锰酸钾溶液最大吸收波长 525 nm 为标准,在被检仪器上测绘高锰酸钾的吸收曲线。具体方法如下:

取 1 cm 比色皿,以 0.004 mol/L 的高锰酸钾溶液为样品,用纯水作参比溶液,分别在 460、480、500、510、515、520、525、530、535、540、550、570 nm 处测定吸光度(每次改变波长时,都要用空白重新校准),绘制高锰酸钾溶液吸收曲线。如果测得的最大吸收波长在 525 ±1 nm 内,说明仪器正常。

3. 比色皿(吸收池)的校准(吸收池配套性检查)

用铅笔在洗净的吸收池毛面外壁编号并标注放置方向,在吸收池中都装入测定用空白参比溶液,以其中一个为参比,在测定条件下,测定其他吸收池的吸光度。如果测定的吸光度为零或两个吸收池吸光度相等,即为配对吸收池。若不相等,可以选出吸光度最小的吸收池为参比,测定其他吸收池的吸光度,求出校正值。测定样品时,等待测溶液装入校准过的吸收池中,将测得的吸光度值减去该吸收池的校正值即为测定的真实值。

4. 吸光度的校准

吸光度的准确性是反映仪器性能的重要指标。一般常用碱性重铬酸钾标准溶液进行吸光度校正,并检查仪器性能是否稳定。

取 0.030 3 g/L 的碱性重铬酸钾标准溶液放入 1 cm 的吸收池中,在 25 ℃ 时,以 0.05 mol/L 氢氧化钾溶液为参比液,测定其在不同波长下的吸光度或透光率。

测定的数值与下表的数据比较以确定吸光度的误差。

波长/nm	400	420	440	460	480	500
吸光度	0.396	0.124	0.056	0.018	0.004	0.000

5. 数据记录与处理

(1) 根据测定数据,绘制高锰酸钾溶液的吸收曲线,找出最大吸收波长,与 525 nm 比较,判断所用仪器的波长准确性。

λ/nm	460	480	510	515	520	525	530	540	550	570
A										

(2) 吸收池的校准。

序号	1	2	3	4
A	0.000			

(3) 吸光度的校准。

λ/nm	400	420	440	460	480	500
$A_{测}$						
$A_{标准}$	0.396	0.124	0.056	0.018	0.004	0.000
$A_{测}-A_{标准}$						

五、思考题

根据实验数据,对所使用的仪器的性能进行判断,判断性能是否正常。

实验 29 分光光度法测定铁含量

一、实验目的

(1) 学习如何选择分光光度法的测定条件。
(2) 学习吸收曲线、标准曲线的绘制及最大吸收波长的选择。
(3) 掌握邻二氮菲分光光度法测定铁的原理和方法。
(4) 了解分光光度计的构造和使用方法。

二、实验原理

邻二氮菲是测定微量铁的较好试剂。pH=3～9 的溶液中,邻二氮菲与 Fe^{2+} 生成稳定的红色配合物,其 $lgK_{稳}=21.3$,摩尔吸光系数 $\varepsilon_{508}=1.1\times10^4 L\cdot mol^{-1}\cdot cm^{-1}$,其反应式如下:

$$Fe^{2+}+3 \quad \longrightarrow \quad \left[\quad Fe \quad \right]^{2+}_3$$

该红色配合物的最大吸收峰约在 510 mm 波长处。本方法的选择性很强,相当于含铁量 40 倍的 Sn^{2+}、Al^{3+}、Ca^{2+}、Mg^{2+}、Zn^{2+}、SiO_3^{2-};20 倍的 Cr^{3+}、Mn^{2+}、$V(V)$、PO_4^{3-};5 倍的 Co^{2+}、Cu^{2+} 等均不干扰测定。

值得注意的是,显色前需要将 Fe^{3+} 全部还原为 Fe^{2+},然后加入邻二氮菲,并调节至适宜的酸度范围,再进行显色。常用的还原剂为盐酸羟胺或抗坏血酸。

三、实验仪器和试剂

1. 仪器
分光光度计,吸量管,容量瓶(50 mL、1 000 mL),1 cm 比色皿。
2. 试剂
$0.001 mol\cdot L^{-1}$ 铁标准溶液[1],$0.1 mg\cdot mL^{-1}$ 铁标准储备液[2],$1.5 g\cdot L^{-1}$ 邻二氮菲水溶液(现用现配,避光保存,溶液颜色变暗时即不能使用),10% 盐酸羟胺水溶液(现用现配),$1 mol\cdot L^{-1}$ 醋酸钠溶液,$0.1 mol\cdot L^{-1}$ NaOH 溶液。

四、实验内容

1. 测定条件的确定
(1) 吸收曲线的绘制
用吸量管吸取 0.0 mL、1.0 mL 浓度为 $0.1 mg\cdot mL^{-1}$ 铁标准储备液,分别注入 2 个 50 mL

视频:分光光度
法测铁含量

容量瓶中,各加入 1 mL 10% 盐酸羟胺溶液,摇匀,静置 2 min。再加入 2 mL 1.5g·L^{-1}邻二氮菲,5 mL 1 mol·L^{-1} NaAc,用水稀释至刻度,摇匀。放置 10 min 后,用 1 cm 比色皿,以试剂空白(即 0.0 mL 铁标准溶液)为参比溶液,在 440~560 nm 之间,每隔 10 nm 测一次吸光度 A(在最大吸收峰附近,每隔 5 nm 测定一次吸光度)。

以波长 λ 为横坐标,吸光度 A 为纵坐标,绘制 A 和 λ 关系的吸收曲线,从而选择测定 Fe 的最大吸收波长 λ_{max}。

(2) 显色剂用量的确定

取 7 个 50 mL 容量瓶,各加入 2 mL 0.001 mol·L^{-1}铁标准溶液,1 mL 10% 盐酸羟胺,摇匀,静置 2 min。再分别加入 0.2 mL、0.4 mL、0.6 mL、0.8 mL、1.0 mL、2.0 mL、4.0 mL 1.5 g·L^{-1}邻二氮菲溶液和 5.0 mL 1 mol·L^{-1} NaAc 溶液,以水稀释至刻度,摇匀,放置 10 min。用 1 cm 比色皿,以蒸馏水为参比溶液,在选择的波长下测定各溶液的吸光度。

以所取邻二氮菲溶液的体积 V 为横坐标,吸光度 A 为纵坐标,绘制 A~V 曲线,确定显色剂的最适宜用量。

(3) 溶液酸度的选择

取 7 个 50 mL 容量瓶,分别加入 2 mL 0.001 mol·L^{-1}铁标准溶液,1 mL 10% 盐酸羟胺,摇匀后静置 2 min。再各加入 2 mL 1.5 g·L^{-1}邻二氮菲溶液,摇匀。然后,用滴定管分别加入 0.0 mL、2.0 mL、5.0 mL、10.0 mL、15.0 mL、20.0 mL、30.0 mL 0.10 mol·L^{-1} 的 NaOH 溶液,用水稀释至刻度,摇匀,放置 10 min。用 1 cm 比色皿,以蒸馏水为参比溶液,在选择的波长下测定各溶液的吸光度。

同时,用 pH 计测量各溶液的 pH。以 pH 为横坐标,吸光度 A 为纵坐标,绘制 A~pH 曲线,确定适宜酸度范围。

(4) 显色时间及配合物的稳定性

在一个 50 mL 容量瓶(或比色管)中,加入 2 mL 0.001 mol·L^{-1}铁标准溶液,1 mL 10% 盐酸羟胺溶液,摇匀。再加入 2 mL 1.5 g·L^{-1}邻二氮菲溶液,5 mL 1 mol·L^{-1} NaAc,以水稀释至刻度,摇匀。立即用 1 cm 比色皿,以蒸馏水为参比溶液,在选择的波长下测量吸光度。然后依次测量放置 5 min、10 min、30 min、60 min、120 min、180 min 后溶液的吸光度。

以时间 t 为横坐标,吸光度 A 为纵坐标,绘制 A 与 t 的显色时间影响曲线,对配合物的稳定性和显色反应完全进行判断。

2. 铁含量的测定

(1) 标准曲线的绘制

在 6 个 50 mL 容量瓶中,用吸量管分别加入 0.0 mL、0.20 mL、0.40 mL、0.60 mL、0.80 mL、1.0 mL 0.1m g·mL^{-1}铁标准溶液,分别加入 1 mL 10% 盐酸羟胺,摇匀后静置 2 min。再分别加入 2 mL 1.5 g·L^{-1}邻二氮菲溶液,5 mL 1 mol·L^{-1} NaAc 溶液,每加一种试剂后摇匀。然后,用水稀释至刻度,摇匀后放置 10 min。用 1 cm 比色皿,以试剂为空白(即 0.0 mL 铁标准溶液),在所选择的波长下,测量各溶液的吸光度。以铁的浓度为横坐标,吸光度 A 为纵坐标,绘制标准曲线。

(2) 试液含铁量的测定

试样溶液同步骤(1)显色,在相同条件下测其吸光度,由标准曲线计算试样中微量铁的质量浓度。

【注释】

[1] 准确称取 0.482 0 g $NH_4Fe(SO_4)_2 \cdot 12H_2O$ 于烧杯中,用 30 mL 2 mol·L^{-1} HCl 溶解,然后转移至 1 000 mL 容量瓶中,用水稀释至刻度,摇匀。

[2] 准确称取 0.863 4 g 的 $NH_4Fe(SO_4)_2 \cdot 12H_2O$,置于烧杯中,加入 20 mL 1∶1 H_2SO_4 和少量水,溶解后,定量转移至 1 000 mL 容量瓶中,以水稀释至刻度,摇匀。

五、思考题

(1) 本实验为什么要选择酸度、显色剂用量和有色溶液的稳定性作为条件实验的项目?

(2) 吸收曲线与标准曲线有何区别? 各有何实际意义?

(3) 本实验中盐酸羟胺、醋酸钠的作用各是什么?

(4) 制作标准曲线和进行其他条件实验时,加入试剂的顺序能否任意改变? 为什么?

实验30 邻二氮菲合铁(Ⅱ)配合物组成的测定

一、实验目的

(1) 进一步学习使用分光光度计。

(2) 了解摩尔比法测定配合物组成的原理和方法。

(3) 学习有关实验数据的处理方法。

二、实验原理

在分析化学实验中,很少利用金属水合离子本身的颜色进行光度分析,因为它们的摩尔吸光系数一般都很小。通常都是选择适当的试剂,将待测离子转化为有色化合物,再进行测定。这种将试样中被测组分转变成有色化合物的反应,叫作显色反应。配位反应是一类重要的显色反应。作为显色反应,其中重要条件之一就是生成的有色化合物的组成要恒定、化学性质要稳定。对于形成不同配位比的配位反应,必须注意控制实验条件,生成一定组成的配合物,以免引起误差。

本实验 pH 控制在 2~9,通过显色反应 $M+nR \Longrightarrow MR_n$,应用摩尔比法测定邻二氮菲合铁(Ⅱ)配合物的组成,即反应方程中配位比 n 的数值。

摩尔比法也称饱和法,实验过程和原理如下:在一定实验条件下,配制一系列体积相同的溶液。在这些溶液中,固定金属离子 M 的浓度,依次从低到高地改变显色剂 R 的浓度,然后在一定波长下测定每份溶液的吸光度 A,随着显色剂 R 浓度的加大,形成配合物 MR_n 的浓度也不断增加,吸光度 A 也不断增加,当 $c(R)/c(M)=n$ 时,MR_n 浓度最大,吸光度也应最大。这时 M 被 R 饱和,若显色剂 R 浓度再增大,吸光度 A 即不再增加。用测得的吸光度 A 对 $c(R)/c(M)$作图,所得曲线的转折点相对应的 $c(R)/c(M)$值,即为配合物的组成比。

三、实验仪器和试剂

1. 仪器

吸量管,容量瓶,可见分光光度计,1 cm 比色皿。

2. 试剂

1.0×10^{-3} mol·L^{-1} 邻二氮菲水溶液（现用现配,避光保存,溶液颜色变暗时即不能使用）,1.0×10^{-3} mol·L^{-1} Fe^{2+} 标准溶液（参见实验 28）,10% 盐酸羟胺水溶液（现用现配）,1 mol·L^{-1} NaAc 溶液。

四、实验内容

1. 试剂空白溶液的配制

按表 2-14 配制试剂空白溶液。

表 2-14　试剂空白溶液的配制表

50 mL 容量瓶编号	1	2	3	4	5	6	7	8	9
10%盐酸羟胺/mL					1				
1.0×10^{-3} mol·L^{-1} 邻二氮菲/mL	1.0	1.5	2.0	2.5	3.0	3.5	4.0	4.5	5.0
1 mol·L^{-1} NaAc/mL					5				
定容/mL					50				

2. 有色配合物的生成及测定

按表 2-15 配制有色配合物溶液,选择 1 cm 比色皿,于 510 nm 波长条件下,以上述试剂空白溶液作为参比溶液,在可见分光光度计上测定有色溶液吸光度。

表 2-15　有色配合物的吸光度测定记录

50 mL 容量瓶编号	$1'$	$2'$	$3'$	$4'$	$5'$	$6'$	$7'$	$8'$	$9'$
1.0×10^{-3} mol·L^{-1} Fe^{2+} 溶液/mL					1				
10%盐酸羟胺/mL					1				
1.0×10^{-3} mol·L^{-1} 邻二氮菲/mL	1.0	1.5	2.0	2.5	3.0	3.5	4.0	4.5	5.0
1 mol·L^{-1} NaAc/mL					5				
定容/mL					50				
摩尔比 $=\dfrac{n(R)}{n(Fe^{2+})}=\dfrac{c(R)}{c(Fe^{2+})}$									
吸光度 A									

注:表中 $c(R)$ 表示所配 50 mL 溶液中邻二氮菲的浓度,$c(Fe^{2+})$ 表示所配 50 mL 溶液中 Fe^{2+} 的溶液。

3. 配合物组成的确定

绘制 $A\sim\dfrac{c(R)}{c(Fe^{2+})}$ 曲线,依据上述实验原理通过外推法确定配合物组成。

五、思考题

(1) 摩尔比法测定配合物组成的定量依据是什么?

(2) 什么叫作空白溶液? 空白溶液在实验中有何作用?

(3) 根据实验原理,本实验作图时应得到两条折线,事实上本实验得到的是一条有转折的曲线,为什么?

实验 31 分光光度法测定铬、锰的含量

一、实验目的

(1) 学习分光光度法测定多组分试样含量的原理和方法。
(2) 进一步掌握分光光度计的使用。

二、实验原理

应用分光光度法直接测定同一溶液的不同组分,可以大大减少分析操作过程,避免在分离过程中造成误差。根据混合溶液中含有多种吸光物质,它们的吸收曲线彼此重叠,则总的吸光度 $A = A_1 + A_2 + \cdots + A_i = \varepsilon_1 bc_1 + \varepsilon_2 bc_2 + \cdots + \varepsilon_i bc_i$。

假设溶液中存在两种组分 x 和 y,它们的吸收曲线重叠较严重,找出 x 和 y 两组分吸光度差 ΔA 较大时的波长 λ_1 和 λ_2,在波长 λ_1 和 λ_2 下测得混合物的吸光度为 A_1 和 A_2,由吸光度的加和性建立如下方程组:

$$A_1 = \varepsilon_{x_1} bc_x + \varepsilon_{y_1} bc_y$$
$$A_2 = \varepsilon_{x_2} bc_x + \varepsilon_{y_2} bc_y$$

式中:c_x 和 c_y 分别为组分 x 和 y 的浓度;ε_{x_1} 和 ε_{y_1} 分别为组分 x 和 y 在波长 λ_1 时的摩尔吸光系数;ε_{x_2} 和 ε_{y_2} 分别为组分 x 和 y 在波长 λ_2 时的摩尔吸光系数。摩尔吸光系数可以分别由 x、y 的纯溶液在两种波长下测得。解上述方程组可求 c_x 和 c_y。

此方法对含量较低的组分进行分析效果更好。

三、实验仪器和试剂

1. 仪器

分光光度计,1 cm 比色皿,0.1 mg 分析天平,容量瓶,滴定管,锥形瓶,加热装置。

2. 试剂

$K_2Cr_2O_7$(AR),$KMnO_4$(AR),3 mol·L^{-1} H_2SO_4,$Na_2C_2O_4$(AR),含有 MnO_4^-、$Cr_2O_7^{2-}$ 混合离子未知试液。

四、实验内容

1. 标准溶液的配制(由实验室准备)

① 0.001 000 mol·L^{-1} $K_2Cr_2O_7$ 标准溶液:准确称取 0.294 2 g 基准物 $K_2Cr_2O_7$,溶于去离子水中,转移至 1 000 mL 容量瓶中,定容,摇匀,该溶液准确浓度为 0.001 000 mol·L^{-1}。

② 0.001 mol·L^{-1} $KMnO_4$ 标准溶液:称取 0.2 g 固体 $KMnO_4$,溶于去离子水中,煮沸 1~2 h,转移至棕色瓶中暗处放置过夜。该溶液近似浓度为 0.001 mol·L^{-1},其准确浓度需要用基准物 $Na_2C_2O_4$ 标定(参见实验 19)。

2. 吸收曲线的绘制

选用 1 cm 比色皿,分别装入 0.001 mol·L^{-1} $KMnO_4$、0.001 000 mol·L^{-1} $K_2Cr_2O_7$ 标

准溶液,以蒸馏水为参比,选定波长(λ)范围从 $420 \sim 700$ nm,每隔 10 nm 测一次吸光度 A。以吸光度 A 为纵坐标,波长 λ 为横坐标,绘制两条吸收曲线,并从图中找出最大吸收峰 λ_1 和 λ_2。根据公式 $\varepsilon = \dfrac{A}{bc}$ 分别求出最大吸收峰 λ_1 和 λ_2 处 $KMnO_4$、$K_2Cr_2O_7$ 纯溶液的摩尔吸光系数 $\varepsilon(Cr_2O_7^{2-})_{\lambda_1}$、$\varepsilon(MnO_4^{-})_{\lambda_1}$、$\varepsilon(Cr_2O_7^{2-})_{\lambda_2}$、$\varepsilon(MnO_4^{-})_{\lambda_2}$。

3. 混合试样的测定

准确移取 10.00 mL 含有 MnO_4^{-}、$Cr_2O_7^{2-}$ 混合离子的未知溶液,放入 50 mL 容量瓶,定容,摇匀。以蒸馏水为参比,选用 1 cm 比色皿,在最大吸收峰 λ_1 和 λ_2 处分别测定吸光度 A_1 和 A_2,求出 MnO_4^{-}、$Cr_2O_7^{2-}$ 的物质的量浓度。

五、实验数据记录及处理

1. $KMnO_4$、$K_2Cr_2O_7$ 标准溶液在不同波长下的吸光度

表 2 - 16 不同波长下的吸光度值

波长/nm	420	430	440	450	460	470	480	490	500	510
$A(Cr_2O_7^{2-})$										
$A(MnO_4^{-})$										
波长/nm	520	530	540	550	560	570	580	590	600	610
$A(Cr_2O_7^{2-})$										
$A(MnO_4^{-})$										
波长/nm	620	630	640	650	660	670	680	690	700	
$A(Cr_2O_7^{2-})$										
$A(MnO_4^{-})$										

2. 未知样在波长 λ_1 和 λ_2 处的吸光度

表 2 - 17 在波长 λ_1 和 λ_2 处的吸光度值

波长	λ_1(440 nm)	λ_2(530 nm)
A_{λ}^{Cr+Mn}		

从两吸收曲线上查出波长 440 nm 和 530 nm 处 A_{440}^{Cr}、A_{530}^{Cr} 和 A_{440}^{Mn}、A_{530}^{Mn} 值,根据标准溶液的浓度,由 $A = \varepsilon bc$ 关系式,计算出 ε_{440}^{Cr}、ε_{530}^{Cr} 和 ε_{440}^{Mn}、ε_{530}^{Mn} 值。

将各 ε 值和测定的 A_{440}^{Cr+Mn}、A_{530}^{Cr+Mn} 值代入下式,求出未知液中 MnO_4^{-}、$Cr_2O_7^{2-}$ 的浓度,以 $c_{未}^{Mn}$ 和 $c_{未}^{Cr}$ 表示。

$$c_{未}^{Mn} = \frac{\varepsilon_{\lambda_1}^{Cr} A_{\lambda_2}^{Cr+Mn} - \varepsilon_{\lambda_2}^{Cr} A_{\lambda_1}^{Cr+Mn}}{\varepsilon_{\lambda_1}^{Cr} \varepsilon_{\lambda_2}^{Mn} - \varepsilon_{\lambda_2}^{Cr} \varepsilon_{\lambda_1}^{Mn}}$$

$$c_{未}^{Cr} = \frac{A_{\lambda_1}^{Cr+Mn} - \varepsilon_{\lambda_1}^{Mn} c_{未}^{Mn}}{\varepsilon_{\lambda_1}^{Cr}}$$

3. 计算出未知样中的铬、锰的质量分数($g \cdot L^{-1}$)。

六、思考题

(1) 混合物中各组分吸收曲线重叠时,为什么要找出吸光度差值 ΔA 较大处测定?

(2) 如果吸收曲线重叠,而又不遵守朗伯-比尔定律时,该法是否还可以应用?

(3) 摩尔吸光系数 ε 的物理意义是什么? 其大小与哪些因素有关? ε 在分析化学中有何意义?

实验 32　分光光度法自拟实验

一、实验目的

(1) 巩固分光光度法的原理。

(2) 应用理论知识进行实际样品测定的分光光度法方案自行设计。

二、分光光度法自拟实验选题参考

1. 氯离子的间接分光光度法测定

氯离子难于直接应用分光光度法进行测定,主要原因在于难于找到合适的显色反应,但是氯离子可以与硫氰酸汞反应交换出硫氰酸根离子,硫氰酸根离子与三价铁离子反应,生成红色配合物,从而通过分光光度法间接测定氯离子含量。

实验方案设计可参照如下步骤进行:

(1) 写出交换反应和显色反应。

(2) 显色条件的选择:

① 确定显色反应的酸度;

② 确定显色剂的用量;

③ 确定显色反应的时间。

(3) 制作吸收曲线确定测量波长。

(4) 制作标准曲线,确定摩尔吸光系数、桑德尔灵敏度以及线性范围。

(5) 回收率试验。

2. 血液中铜离子含量的测定

血液中的铜离子通常与蛋白质结合成难以离解的金属蛋白化合物,因此需用酸消解法除去有机物的干扰,使铜离子游离出来;选用适当的配位剂(如铜试剂)使铜离子显色,采用分光光度法测定铜离子的含量。

【参考资料】 王庆伟,王昕. 理化检验——化学分册,2002,38(2):83~84.

第三章　综合实验

实验 33　洗衣粉中聚磷酸盐含量的测定

一、实验目的

(1) 了解洗衣粉的去污原理。
(2) 了解洗衣粉中聚磷酸盐作用及聚磷酸盐含量测定的原理。
(3) 掌握标准酸碱溶液的配制及标定原理。
(4) 熟悉酸碱指示剂的应用及其具体操作。

二、实验原理

洗衣粉是由多种化学成分组成的混合物,起主要作用的是表面活性剂:烷基苯磺酸钠、脂肪醇硫酸钠、脂肪醇聚氯乙烯醚、环乙烷和环氯丙烷等,这些表面活性剂可直接用来作为洗涤剂使用。洗涤的基本过程如图 3-1 所示:

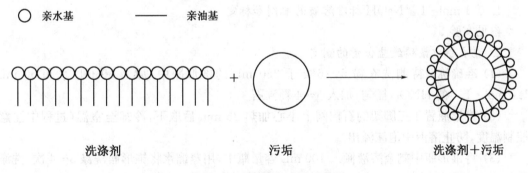

图 3-1　洗涤基本过程示意图

表面活性剂直接用来作为洗涤剂使用的去污效果并不十分理想,而且成本高。因此,配制洗衣粉时还要加入一些助剂和辅助剂,使洗衣粉的性能更加完善,贮存和使用更加方便。洗衣粉通用的助剂分为无机盐和有机盐两大类,按洗衣粉是否含有磷盐,又分为含磷洗衣粉和无磷洗衣粉。含磷洗衣粉中应用较为普遍的是三聚磷酸钠,三聚磷酸钠中阴离子具有较强的螯合能力,并对污渍具有分散、乳化、胶溶作用;可以防止金属离子破坏表面活性剂,避免污渍再沉淀,大大提高了洗衣粉的洗净作用;此外还可以提供一定的碱性,维持洗涤液适宜的 pH,减少对皮肤刺激;另外还可吸收水分防止洗衣粉结块,保持干爽粒状。但三聚磷酸钠排入河流会造成水质富营养化,因而必须严格限制使用。

本实验介绍了一种快速测定洗衣粉中聚磷酸钠含量的方法。

三聚磷酸钠在强酸性介质中被酸解成正磷酸,用碱和酸溶液调节溶液 pH 至 3～4 之间,使正磷酸以磷酸二氢根形式存在于溶液中:

$$Na_5P_3O_{10} + 5HNO_3 + 2H_2O \xrightarrow{\triangle} 5NaNO_3 + 3H_3PO_4$$

$$H_3PO_4 + NaOH \xLongequal{} NaH_2PO_4 + H_2O$$

然后用碱标准溶液滴定该溶液 pH 至 8～10,此时磷酸二氢根转变成磷酸一氢根,利用消耗的碱标准溶液可间接测定洗衣粉中三聚磷酸钠的含量。其反应方程式如下:

$$NaH_2PO_4 + NaOH \xLongequal{} Na_2HPO_4 + H_2O$$

三、实验仪器和试剂

1. 仪器

50 mL 碱式滴定管 1 支,酸式滴定管 1 支,250 mL 锥形瓶若干,100 mL 容量瓶 2 个,25 mL 移液管 1 支,50 mL 量筒 2 个,酒精灯 1 个,三脚架 1 个,石棉网,0.1 mg 分析天平,洗耳球 1 个。

2. 试剂

0.1 mol·L^{-1} NaOH 溶液,0.5 mol·L^{-1} HCl 溶液,0.5% 酚酞指示剂,0.2% 甲基橙指示剂,1.0 mol·L^{-1} HNO$_3$ 溶液,50% NaOH 溶液,洗衣粉,蒸馏水。

四、实验内容

1. 0.1 mol·L^{-1} NaOH 标准溶液的配制和标定

参见实验 5。

2. 洗衣粉中聚磷酸盐含量的测定

(1) 准确称取待测洗衣粉 5～6 g 于 250 mL 的锥形瓶中,加入 50 mL 水和 50 mL 1.0 mol·L^{-1} 的 HNO$_3$,摇匀,加入 3～4 颗沸石。

(2) 锥形瓶置于三脚架的石棉网上小心加热 25 min 后取下,冷却至室温(过程中注意控制温度,防止溶液中泡沫溢出)。

(3) 将锥形瓶中剩余溶液倾入 100 mL 容量瓶中,用蒸馏水将锥形瓶洗涤 3～4 次,洗涤液都注入容量瓶中,小心加水至标线处。

(4) 用移液管从容量瓶准确移取 25 mL 待测液至 250 mL 锥形瓶中,加入 1 滴 0.2% 甲基橙指示剂,溶液呈红色。再逐滴加入 50% NaOH 溶液,并不断摇动至浅黄色为止。再用 0.5 mol·L^{-1} HCl 中和过量的 NaOH 溶液,使溶液调至橙色为止。在锥形瓶中加入 2 滴 0.5% 酚酞指示剂,最后用 0.1 mol·L^{-1} NaOH 标准溶液滴定至橙色(与调整 pH 时的颜色相近),并且保持半分钟不褪色,记录滴定前后滴定管中 NaOH 标准溶液的体积初读数及终读数,平行测定三次,按下式计算洗衣粉中聚磷酸盐的百分含量:

$$A(\%) = \frac{c_{NaOH} \times V_{NaOH} \times M_{Na_5P_3O_{10}} \times 4}{m_{试} \times 3 \times 1\,000} \times 100\%$$

式中:A 为聚磷酸盐的百分含量,%;c_{NaOH} 为 NaOH 标准溶液的浓度,mol·L^{-1};V_{NaOH}

为 NaOH 标准溶液消耗体积,mL;$M_{Na_5P_3O_{10}}$ 为聚磷酸盐的摩尔质量,g·mol^{-1};$m_{试}$ 为待测洗衣粉的质量,g。

五、思考题

(1) 是否每种洗衣粉都可以用此方法测定聚磷酸盐的含量? 为什么?

(2) 为什么必须使终点颜色与 pH 调整时的颜色相近?

知识链接

洗涤剂的简介

1. 洗涤剂的一般组成

洗涤剂是按专门配方配制的具有去污性能的产品。洗涤剂种类繁多,用途各异,其主要由表面活性剂和洗涤助剂两部分构成。表面活性剂是一种用量尽管很少但对体系的表面行为有显著效应的物质。它们能降低水的表面张力,起到润湿、增溶、乳化、分散等作用,使污垢从被洗物表面脱离分散到水中,然后再用清水把污物漂洗干净。洗涤助剂是能使表面活性剂充分发挥活性作用,从而提高洗涤效果的物质。

2. 表面活性剂的结构与种类

迄今为止,表面活性剂已有 2 000 多种。但它们的分子在结构上的共同特点是分子中同时带有"双亲"基团,即既带有亲水的极性基团(如羟基、羧基等),又带有疏水的非极性基团(如碳原子数≥8 的烃基)。

洗涤剂中常用的表面活性剂有脂肪酸盐、烷基苯磺酸钠、烷基醇酰胺、脂肪醇硫酸钠、脂肪醇聚氧乙烯醚(平平加)等。它们分为离子型和非离子型两大类。① 离子型:又分为阴离子型、阳离子型和两性型三种。如作为普通肥皂的脂肪酸盐、大部分民用洗衣粉的烷基苯磺酸钠、用作化妆品原料的脂肪醇硫酸钠等都是阴离子型;一些用作杀菌剂的铵盐如季铵盐(新洁尔灭)、叔胺(萨帕明 A)等为阳离子型;如可用作乳化剂、柔软剂的氨基酸盐(十二烷基氨基丙酸钠),它们在水中可离解成阴、阳两类离子,故称为两性型。② 非离子型:这一类表面活性剂在水中并不离解出离子,而是以分子状态存在,比如一些山梨醇的脂肪衍生物大多制成液态洗净剂或洗涤精(如斯盘、吐温);一些酰胺(主要有烷醇酰胺,又名尼诺尔)制成液体合成洗涤剂,去污力强,多作泡沫稳定剂;还有一些聚醚类如丙二醇与环氧乙烷加成聚合而得的低泡沫洗涤剂等。

3. 洗涤助剂

助剂的选择、配比必须与表面活性剂的性能相适应。选择适当的助剂可大大提高洗涤剂的效果。主要助剂及作用如下:

① 三聚磷酸钠($Na_5P_3O_{10}$)。俗称五钠,为洗涤剂中最常用的助剂,配合水中的钙、镁离子,形成碱性介质有利油污分解,防止制品结块(形成水合物而受潮),使粉剂成空心状。

② 硅酸钠。俗称水玻璃,除有碱性缓冲能力外,还有稳泡、乳化、抗蚀等功能,亦可使粉状成品保持疏松、均匀和增加喷雾颗粒的强度。

③ 硫酸钠。其无水物俗称元明粉,十水物俗称芒硝;在洗衣粉中用量甚大(约占 40%),是主要填料,有利于配料成型。

④ 羧甲基纤维素钠。简称 CMC,可防止污垢再沉积,由于它带有多量负电荷,吸附在污垢上,静电斥力增加。

⑤ 月桂酸二乙醇酰胺。有促泡和稳泡沫作用。

⑥ 荧光增白剂。如二苯乙烯三嗪类化合物,配入量约 0.1%。

⑦ 过硼酸钠。水解后可释出过氧化氢,起漂白和化学去污作用,多用作器皿的洗涤剂。

⑧ 酶。加酶洗涤剂是在洗涤剂中加入不同功能的酶制剂的制品,例如淀粉酶、脂肪酶及纤维酶。

⑨ 其他。如磷酸盐的代用品等。

实验 34　胃舒平药片中铝和镁的测定

一、实验目的

(1) 学习药剂测定的前处理方法。

(2) 掌握返滴定法的基本原理。

(3) 进一步学会金属指示剂的应用。

二、实验原理

胃病患者常服用的胃舒平药片主要成分为氢氧化铝、三硅酸镁及少量中药颠茄流浸膏,在制成片剂时还加入了大量糊精等以便药片成形。药片中铝和镁的含量可用 EDTA 配位滴定法测定。为此先用水溶解样品,分离除去水不溶性杂质,然后取适量试液加入过量 EDTA 溶液,调节 pH 至 4 左右,煮沸使 EDTA 与铝配位,再以二甲酚橙为指示剂,用标准锌溶液回滴过量 EDTA,测出铝含量。另取试液调 pH,将铝沉淀分离后,于 pH=10 条件下以酸性铬蓝 K-萘酚绿 B(K-B) 指示剂,用 EDTA 溶液滴定滤液中的镁。

三、实验仪器和试剂

1. 仪器

酸式滴定管,250 mL 锥形瓶,250 mL 容量瓶,研钵,5 mL 移液管,25 mL 移液管,10 mL 量筒,烧杯,称量瓶,表面皿,滴管,玻璃棒,洗瓶。

2. 试剂

0.02 mol·L⁻¹ EDTA 溶液(参见实验 12),0.02 mol·L⁻¹ 锌标准溶液(参见实验 14),20% 六次甲基四胺溶液,1:1 氨水,1:1 盐酸溶液,1:3 盐酸溶液,1:2 三乙醇胺水溶液,氨-氯化铵缓冲溶液,0.2% 二甲酚橙指示剂,0.2% 甲基红乙醇溶液,酸性铬蓝 K-萘酚绿 B(K-B)指示剂(固体),氯化铵(固体),胃舒平药片。

四、实验内容

1. 样品处理

取 10 片胃舒平药片,准确称量。研细并混合均匀后,准确称取 2 g 左右药粉,加入 20 mL 1:1 HCl,加蒸馏水至 100 mL,煮沸。冷却后过滤,并以蒸馏水洗涤沉淀至无 Al³⁺

（至少 2～3 次），收集滤液及洗涤液于 250 mL 容量瓶中，稀释至刻度，摇匀，即为待测试液。

2. 铝的测定

准确吸取上述待测试液 5.00 mL，加水至 25 mL 左右。准确加入 0.02 mol·L^{-1} EDTA 溶液 25.00 mL，摇匀，加入 0.2% 二甲酚橙指示剂 2～3 滴，滴加 1:1 氨水至溶液呈紫红色，再滴加 1:3 HCl 至溶液变为黄色后再过量 3 滴，将溶液煮沸 3 min 左右，冷却，加入 20% 六次甲基四胺溶液 10 mL，此时溶液的 pH 为 5～6，加入 0.2% 二甲酚橙指示剂 2～3 滴，以标准锌溶液滴定至溶液由黄色转变为红色。根据 EDTA 加入量与锌标准溶液滴定体积，计算每片药片中 Al 的含量（以 Al$_2$O$_3$ 表示）。

3. 镁的测定

准确吸取上述待测试液 25.00 mL，滴加 1:1 氨水至刚出现沉淀，再加 1:1 HCl 至沉淀恰好溶解。加入 2 g 固体 NH$_4$Cl，滴加 20% 六次甲基四胺溶液至沉淀出现并过量 15 mL。加热至 80℃，维持 10～15 min。冷却后过滤，以少量蒸馏水洗涤沉淀数次。收集滤液与洗涤液于 250 mL 锥形瓶中，加入 10 mL 1:2 三乙醇胺水溶液，10 mL 氨性缓冲溶液及 1 滴甲基红指示剂，K-B 指示剂少许。用 0.02 mol·L^{-1} EDTA 溶液滴定至试液由暗红色转变为蓝绿色，计算每片药片中镁的含量（以 MgO 表示）。

五、思考题

（1）为什么样品要研细？

（2）实验中为什么要加入甲基红试剂？

实验 35　铝合金中铝含量的测定

一、实验目的

（1）培养综合运用化学分析知识解决实际问题的能力。

（2）使学生掌握置换滴定的方法。

二、实验原理

本实验采用配位滴定法测定铝合金中的铝。铝合金中除含有 Al 外，还含有 Si、Mg、Cu、Mn、Fe、Zn，个别还含有 Ti、Ni 等。采用返滴定法测定铝含量时，所有能与 EDTA 形成稳定配合物的离子都产生干扰，缺乏选择性。对于复杂物质中的铝，一般都采用置换滴定法。

先调节溶液 pH 为 3～4，加入过量 EDTA 标准溶液，煮沸，使 Al^{3+} 与 EDTA 配位，冷却后，再调节溶液的 pH 为 5～6，以二甲酚橙为指示剂，用 Zn^{2+} 标准溶液滴定过量的 EDTA（不计体积）。然后加入过量 NH$_4$F，加热至沸，使 AlY$^-$ 与 F$^-$ 之间发生置换反应，并释放出与 Al^{3+} 等物质的量的 EDTA：

$$AlY^- + 6F^- + 2H^+ \longrightarrow AlF_6^{3-} + H_2Y^{2-}$$

释放出来的 EDTA，再用 Zn^{2+} 标准溶液滴定至紫红色，即为终点。

铝合金中杂质元素较多,通常可用 NaOH 分解法或 HNO_3、HCl 混合溶液进行溶样。

三、实验仪器和试剂

1. 仪器

0.1 mg 分析天平,称量瓶,烧杯,锥形瓶,50 mL 酸碱滴定管,200 mL 或 250 mL 容量瓶,25 mL 移液管,试剂瓶,药匙。

2. 试剂

0.02 $mol \cdot L^{-1}$ EDTA 溶液(参见实验 12),0.2% 二甲酚橙(XO)水溶液,10% NaOH 溶液(贮于塑料瓶中),1∶1 HCl 溶液,2 $mol \cdot L^{-1}$ HCl 溶液,1∶1 $NH_3 \cdot H_2O$,20% 六次甲基四胺溶液,0.02 $mol \cdot L^{-1}$ Zn^{2+} 标准溶液(参见实验 14),NaF(固体),36% H_2O_2,0.1% 百里酚蓝指示剂,钙指示剂(固体,钙指示剂与干燥 NaCl 以 1∶100 混合磨匀,临用前配制),0.02 $mol \cdot L^{-1}$ 标准钙溶液(参见实验 12),铝合金试样。

四、实验内容

1. 试样的制备

准确称取 0.05～0.1 g 铝合金试样于 100 mL 烧杯中,盖上表面皿,沿烧杯嘴慢慢加入 10 mL 1∶1 HCl,10 min 左右待铝溶解后,加入 2～3 滴 36% H_2O_2,盖上表面皿,煮沸 1～2 min,冷却后(如有残渣过滤)溶液倒入于 250 mL 容量瓶中,并用盐酸溶液(2 mL 2 $mol \cdot L^{-1}$ HCl 用水稀释至 20 mL)少量多次淋洗烧杯,洗涤液也倒入容量瓶中,以水稀释至刻度,摇匀备用。

2. 0.02 $mol \cdot L^{-1}$ EDTA 溶液和 Zn^{2+} 标准溶液的配制

参见实验 12 和实验 14。

3. 铝含量的测定

移取铝合金试液 10.00 mL 于 250 mL 锥形瓶中,准确加入 0.02 $mol \cdot L^{-1}$ EDTA 溶液 20 mL,加入 2 滴 0.1% 百里酚蓝指示剂,用 20% 六次甲基四胺溶液调至黄色,加热煮沸 2 min,冷却至室温,再加 10 mL 20% 六次甲基四胺溶液,加入 2 滴 0.2% 二甲酚橙,用 0.02 $mol \cdot L^{-1}$ 锌标准溶液滴定至溶液呈橙红色(不计滴定的体积),加入 1 g 氟化钠固体,溶解后,加热煮沸 2 min,流水冷却至室温。再补加 0.2% 二甲酚橙指示剂 1 滴,重新调整锌标准溶液液面至零刻度附近,用 0.02 $mol \cdot L^{-1}$ 锌标准溶液滴定至溶液由黄色变为橙红色,即为终点。根据消耗的 0.02 $mol \cdot L^{-1}$ 锌标准溶液体积,计算铝的含量。

五、思考题

(1) 用锌标准溶液滴定多余的 EDTA,为什么不计滴定体积? 能否不用锌标准溶液,而用没有准确浓度的 Zn^{2+} 溶液滴定?

(2) 本实验中采用置换法测定 Al 含量,使用的 EDTA 需不需要标定?

(3) 能否采用 EDTA 直接滴定方法测定铝? 比较返滴定法与置换滴定法的误差来源。

实验 36　石灰石中氧化钙的测定

一、实验目的

(1) 掌握用高锰酸钾法测定石灰石中钙含量的原理和方法。

(2) 熟悉均匀沉淀法原理和方法。

(3) 进一步巩固重量分析和容量分析操作。

二、实验原理

石灰石的主要成分是 $CaCO_3$，较好的石灰石含 CaO 约 $45\%\sim53\%$，此外还含有 SiO_2、Fe_2O_3、Al_2O_3 及 MgO 等杂质。按照经典方法，需用碱性助剂熔融分解试样，制成溶液，分离除去 SiO_2 和 Fe^{3+}、Al^{3+}，然后测定钙，但是其手续太繁琐。若试样中含酸不溶物较少，可以用酸溶样，Fe^{3+}、Al^{3+} 可用柠檬酸铵掩蔽，不必沉淀分离，这样就可简化分析步骤。

测定钙的方法很多，快速的方法是配位滴定法，较精确的方法是本实验采用的高锰酸钾法。后一种方法是将 Ca^{2+} 沉淀为 CaC_2O_4，将沉淀滤出并洗净后，溶于稀 H_2SO_4 溶液，再用 $KMnO_4$ 标准溶液滴定与 Ca^{2+} 相当的 $C_2O_4^{2-}$，根据所用 $KMnO_4$ 的体积和浓度计算试样中钙或氧化钙的含量。主要反应如下：

$$Ca^{2+} + C_2O_4^{2-} \rightleftharpoons CaC_2O_4 \downarrow$$

$$CaC_2O_4 + H_2SO_4 \rightleftharpoons CaSO_4 + H_2C_2O_4$$

$$5H_2C_2O_4 + 2MnO_4^- + 6H^+ \rightleftharpoons 2Mn^{2+} + 10CO_2 \uparrow + 8H_2O$$

当此法用于测定含 Mg^{2+} 及碱金属离子试样时，因它们与 $C_2O_4^{2-}$ 容易生成沉淀或共沉淀而形成正误差[1]，而其他金属阳离子不干扰测定。

CaC_2O_4 是弱酸盐沉淀，其溶解度随溶液酸度增大而增加，在 $pH\approx4$ 时，CaC_2O_4 的溶解损失可以忽略。一般采用在酸性溶液中加入 $(NH_4)_2C_2O_4$，再滴加氨水逐渐中和溶液中的 H^+，使 $[C_2O_4^{2-}]$ 缓缓增大，CaC_2O_4 沉淀缓慢形成，最后控制溶液 pH 在 $3.5\sim4.5$。这样，既可使 CaC_2O_4 沉淀完全，又不致生成 $Ca(OH)_2$ 或 $(CaOH)_2C_2O_4$ 沉淀，能获得组成一定、颗粒粗大而纯净的 CaC_2O_4 沉淀。

三、实验仪器和试剂

1. 仪器

0.1 mg 分析天平，定量滤纸(中速)，称量瓶，250 mL 容量瓶，50 mL 移液管，250 mL 锥形瓶，酸式滴定管，水浴装置。

2. 试剂

$6 mol \cdot L^{-1}$ HCl 溶液，$1 mol \cdot L^{-1}$ H_2SO_4 溶液，$2\sim3 mol \cdot L^{-1}$ H_2SO_4 溶液，$2 mol \cdot L^{-1}$ HNO_3 溶液，0.1% 甲基橙溶液，$3 mol \cdot L^{-1}$ 氨水，10% 柠檬酸铵溶液，$0.25 mol \cdot L^{-1}$ $(NH_4)_2C_2O_4$ 溶液，0.1% $(NH_4)_2C_2O_4$ 溶液，$0.1 mol \cdot L^{-1}$ $AgNO_3$ 溶液，$KMnO_4$(固体)，石灰石试样(固体)。

四、实验内容

1. 0.02 mol·L^{-1} KMnO$_4$ 溶液的配制和标定

参见实验 19。

2. 石灰石中钙含量的测定

准确称取石灰石试样 0.5~1 g，置于 250 mL 烧杯中，滴加少量水使试样润湿[2]，盖上表面皿，缓缓滴加 6 mol·L^{-1} HCl 溶液 10 mL，同时不断摇动烧杯。待停止发泡后，小心加热煮沸 2 min，冷却后，仔细将全部物质转入 250 mL 容量瓶中，加水至刻度，摇匀，静置使酸不溶物沉降（也可以称取 0.1~0.2 g 试样，用 6 mol·L^{-1} HCl 溶液 7~8 mL 溶解，得到的溶液不再加 HCl 溶液，直接按下述条件沉淀 CaC$_2$O$_4$）。

准确吸取 50.00 mL 清液（必要时将溶液用干滤纸过滤到干烧杯中后再吸取）2 份，分别放入 400 mL 烧杯中，加入 5 mL 10% 柠檬酸铵溶液[3]和 120 mL 水，加入 0.1% 甲基橙指示剂 2 滴，加 6 mol·L^{-1} HCl 溶液 5~10 mL 至溶液显红色，加入 15~20 mL 0.25 mol·L^{-1} (NH$_4$)$_2$C$_2$O$_4$ 溶液（若此时有沉淀生成，应在搅拌下滴加 6 mol·L^{-1} HCl 溶液至沉淀溶解，注意勿多加）。加热至 70~80 ℃，在不断搅拌下以每秒 1~2 滴的速度滴加 3 mol·L^{-1} 氨水至溶液由红色变为橙黄色[4]，继续保温约 30 min[5]并随时搅拌，放置冷却。

用中速滤纸以倾泻法过滤。用 0.1% (NH$_4$)$_2$C$_2$O$_4$ 溶液用倾泻法将沉淀洗涤[6]3~4次，再用去离子水洗涤至洗液不含 Cl$^-$ 为止[7]。

将带有沉淀的滤纸贴在原贮沉淀的烧杯内壁（沉淀向杯内）。用 50 mL 1 mol·L^{-1} H$_2$SO$_4$ 溶液仔细将滤纸上沉淀洗入烧杯，用水稀释至 100 mL，加热至 75~85 ℃，用 0.02 mol·L^{-1} KMnO$_4$ 标准溶液滴定至溶液呈粉红色。然后将滤纸浸入溶液中[8]，用玻璃棒搅拌，若溶液褪色，再滴入 KMnO$_4$ 溶液，直至粉红色经 30 s 不褪即达终点。

根据 KMnO$_4$ 用量和试样质量计算试样含钙（或 CaO）百分率。

【注释】

[1] 当 [Na$^+$]>[Ca^{2+}] 时，Na$_2$C$_2$O$_4$ 共沉淀形成正误差。若 Mg^{2+} 存在，往往产生后沉淀。如果溶液中含 Ca^{2+} 和 Mg^{2+} 量相近，也产生共沉淀；如果过量的 C$_2$O$_4^{2-}$ 浓度足够大，则形成可溶性草酸镁配合物 [Mg(C$_2$O$_4$)$_2$]$^{2-}$；若在沉淀完毕后即进行过滤，则此干扰可减小。当 [Mg^{2+}]>[Ca^{2+}] 时，共沉淀影响很严重，需要进行再沉淀。K$^+$ 共沉淀不显著。

[2] 先用少量水润湿，以免加 HCl 溶液时产生的 CO$_2$ 将试样粉末冲出。

[3] 柠檬酸铵配位掩蔽 Fe^{3+} 和 Al^{3+}，以免生成胶体和共沉淀，其用量视铁和铝的含量多少而定。

[4] 在酸性溶液中加 (NH$_4$)$_2$C$_2$O$_4$，再调 pH，但盐酸只能稍过量，否则用氨水调 pH 时，用量较大。调节 pH 至 3.5~4.5，使 CaC$_2$O$_4$ 沉淀完全，MgC$_2$O$_4$ 不沉淀。

[5] 保温是为了使沉淀陈化。若沉淀完毕后，要放置过夜，则不必保温。但对 Mg 含量高的试样，不宜久放，以免后沉淀。

[6] 先用沉淀剂稀溶液洗涤，利用共同离子效应，降低沉淀的溶解度，以减小溶解损失，并且洗去大量杂质。

[7] 再用水洗的目的主要是洗去 C$_2$O$_4^{2-}$。洗至洗涤液中无 Cl$^-$，即表示沉淀中杂质已洗净。洗涤时应注意洗去滤纸上部的 C$_2$O$_4^{2-}$。检查 Cl$^-$ 的方法是滴加 AgNO$_3$ 溶液，根据下

述反应来判断：

$$Cl^- + Ag^+ \Longrightarrow AgCl \downarrow （白）$$

但是 $C_2O_4^{2-}$ 也有类似反应：

$$C_2O_4^{2-} + 2Ag^+ \Longrightarrow Ag_2C_2O_4 \downarrow （白）$$

因此，如果洗涤液中加入 $AgNO_3$ 溶液，没有沉淀生成，表示 Cl^- 和 $C_2O_4^{2-}$ 都已洗净。如果加入 $AgNO_3$ 溶液，产生白色沉淀或浑浊，则说明有 $C_2O_4^{2-}$ 或 Cl^-；若用稀 HNO_3 溶液酸化，沉淀减少或消失，则 $C_2O_4^{2-}$ 未洗净。注意洗涤次数和洗涤液体积不可太多。

[8] 在酸性溶液中滤纸消耗 $KMnO_4$，且接触时间愈长，消耗愈多，因此只能在滴定至终点前才能将滤纸浸入溶液中。

五、思考题

(1) 用 $(NH_4)_2C_2O_4$ 沉淀 Ca^{2+} 前，为什么要先加入柠檬酸铵？是否可用其他试剂？

(2) 沉淀 CaC_2O_4 时，为什么要先在酸性溶液中加入沉淀剂 $(NH_4)_2C_2O_4$，然后在 $70\sim80℃$ 时滴加氨水至甲基橙变橙黄色而使 CaC_2O_4 沉淀？中和时为什么选用甲基橙指示剂来指示酸度？

(3) 洗涤 CaC_2O_4 沉淀时，为什么先要用稀 $(NH_4)_2C_2O_4$ 溶液作洗涤液，然后再用冷水洗？怎样判断 $C_2O_4^{2-}$ 洗净没有？怎样判断 Cl^- 洗净没有？

(4) 如果将带有 CaC_2O_4 沉淀的滤纸一起用硫酸处理，再用 $KMnO_4$ 溶液滴定，会产生什么影响？

(5) CaC_2O_4 沉淀生成后为什么要陈化？

(6) $KMnO_4$ 法与配位滴定法测定钙的优缺点各是什么？

(7) 若试样含 Ba^{2+} 或 Sr^{2+}，它们对用 $(NH_4)_2C_2O_4$ 沉淀分离 CaC_2O_4 有无影响？若有影响，应如何消除？

(8) 白云石(主要成分是 $CaCO_3 \cdot MgCO_3$)中 Ca 可用什么方法分析？若用 $KMnO_4$ 法，与分析石灰石有无不同之处？为什么？

实验 37　重铬酸钾法测定铁矿石中铁含量

一、实验目的

(1) 学习矿石试样的溶解法。

(2) 熟悉 $K_2Cr_2O_7$ 法测定铁矿石中铁的原理和操作步骤。

(3) 了解二苯胺磺酸钠指示剂的作用原理。

(4) 比较有汞盐和无汞盐测铁法的优缺点，增强环保意识。

（Ⅰ）有汞测铁法($SnCl_2 - HgCl_2 - K_2Cr_2O_7$)

二、实验原理

铁矿石的种类很多，用于炼铁的主要有磁铁矿(Fe_3O_4)、赤铁矿(Fe_2O_3)和菱铁矿

（FeCO₃）等。矿样用 HCl 溶解后，在热的浓 HCl 溶液中用 SnCl₂ 将 Fe^{3+} 还原为 Fe^{2+}，过量的 SnCl₂ 用 HgCl₂ 氧化除去，所生成的 Hg₂Cl₂ 白色丝状沉淀不会被滴定剂 K₂Cr₂O₇ 氧化。然后在硫磷混酸介质中，以二苯胺磺酸钠为指示剂，用 K₂Cr₂O₇ 标准溶液滴定至溶液呈现紫色，即达终点。主要反应方程式为：

$$2Fe^{3+} + SnCl_4^{2-} + 2Cl^- \rightleftharpoons 2Fe^{2+} + SnCl_6^{2-}$$

$$SnCl_4^{2-} + 2HgCl_2 \rightleftharpoons SnCl_6^{2-} + Hg_2Cl_2$$

$$Cr_2O_7^{2-} + 6Fe^{2+} + 14H^+ \rightleftharpoons 2Cr^{3+} + 6Fe^{3+} + 7H_2O$$

随着滴定的进行，Fe^{3+} 的浓度越来越大，$FeCl_4^-$ 的黄色不利于终点的观察，可以借加入的 H₃PO₄ 与 Fe^{3+} 生成无色的 $Fe(HPO_4)_2^-$ 配离子而消除。同时，由于 $Fe(HPO_4)_2^-$ 的生成，降低了 Fe^{3+}/Fe^{2+} 电对的电位，使化学计量点附近的电位突跃增大，指示剂二苯胺磺酸钠的变色点落入突跃范围之内，提高了滴定的准确度。

Cu^{2+}、As(Ⅴ)、Ti(Ⅳ)、Mo(Ⅵ)等离子存在时，可被 SnCl₂ 还原，同时又能被 K₂Cr₂O₇ 氧化，Sb(Ⅴ)和 Sb(Ⅲ)也干扰铁的测定。

用 SnCl₂ - HgCl₂ - K₂Cr₂O₇ 有汞法测铁，方法成熟，准确度高。但由于使用了 HgCl₂，将有害元素 Hg 引入环境，造成了环境污染，这是有汞法测铁的最大缺点。

三、实验仪器和试剂

1. 仪器

0.1 mg 分析天平，称量瓶，250 mL 锥形瓶，酸式滴定管。

2. 试剂

K₂Cr₂O₇（K₂Cr₂O₇ 在 150～180℃烘干 2 h，放入干燥器冷却至室温），10% SnCl₂ 溶液（称取 10 g SnCl₂·2H₂O 溶解在 20 mL 浓盐酸中，用水稀释至 100 mL，然后再加几粒纯锡以保存之），5% HgCl₂ 溶液，浓 HCl，硫磷混酸（将 150 mL 浓 H₂SO₄ 缓缓加到 700 mL 水中，冷却后加 150 mL H₃PO₄，混匀），0.2%二苯胺磺酸钠水溶液。

四、实验内容

1. 0.017 mol·L⁻¹ K₂Cr₂O₇ 标准溶液的配制

准确称取 1.2～1.3 g K₂Cr₂O₇ 于烧杯中，加适量水溶解后定量转入 250 mL 容量瓶中，用水稀释至刻度，摇匀。计算其准确浓度。

2. 铁矿试样的分析

准确称取 0.15～0.2 g 铁矿石试样三份，分别置于 250 mL 锥形瓶中，用少量水润湿，加入 10 mL 浓 HCl，并滴加 8～10 滴 10% SnCl₂ 溶液助溶。盖上表面皿，低温加热溶解，试样分解完全后（此时溶液呈橙黄色）[1]，用少量水冲洗表面皿和瓶壁，加热至近沸，趁热滴加 10% SnCl₂ 溶液还原 Fe^{3+} 至黄色消失[2]，并过量 1～2 滴，用水冲洗瓶壁，迅速冷却至室温[3]，立即加入 10 mL 5% HgCl₂ 溶液摇匀。此时出现白色丝状 Hg₂Cl₂ 沉淀。放置 3～5 min，使反应完全。加水稀释至 150 mL，加 15 mL 硫磷混酸，加 4 滴 0.2%二苯胺磺酸钠指示剂，立即用 0.017 mol·L⁻¹ K₂Cr₂O₇ 标准溶液滴定至溶液呈稳定的紫色，即为终点。

计算铁矿石中铁的质量分数。

【注释】

[1] 试样分解完全时,剩余残渣应为白色 SiO_2,如仍有黑色残渣,说明试样分解不完全。

[2] 用 $SnCl_2$ 还原 Fe^{3+} 时,溶液体积不能过大,盐酸浓度不能太小,温度不能低于 60℃,否则还原反应很慢,颜色变化不易观察,$SnCl_2$ 容易加入太多。

[3] 加入 $HgCl_2$ 前,溶液应冷却,否则 Hg^{2+} 可能氧化 Fe^{2+},加 $HgCl_2$ 后放置 3～5 min,否则 $SnCl_2$ 氧化不完全。

（Ⅱ）无汞测铁法（$SnCl_2$-甲基橙-$K_2Cr_2O_7$）

二、实验原理

铁矿石试样经盐酸溶解后,其中的铁转化为 Fe^{3+}。在强酸性条件下,Fe^{3+} 可通过 $SnCl_2$ 还原为 Fe^{2+}。Sn^{2+} 将 Fe^{3+} 还原完毕后,甲基橙也可被 Sn^{2+} 还原成氢化甲基橙而褪色,因而甲基橙可指示 Fe^{3+} 还原终点。Sn^{2+} 还能继续使氢化甲基橙还原成 N,N-二甲基对苯二胺和对氨基苯磺酸钠。其反应式为:

$$(CH_3)_2NC_6H_4N = NC_6H_4SO_3Na + 2e + 2H^+ \longrightarrow$$
$$(CH_3)_2NC_6H_4NH—NHC_6H_4SO_3Na$$

$$(CH_3)_2NC_6H_4NH—NHC_6H_4SO_3Na + 2e + 2H^+ \longrightarrow$$
$$(CH_3)_2NC_6H_4NH_2 + NH_2C_6H_4SO_3Na$$

这样,略为过量的 Sn^{2+} 也被消除。由于这些反应是不可逆的,因此甲基橙的还原产物不消耗 $K_2Cr_2O_7$。

反应在 HCl 介质中进行,还原 Fe^{3+} 时 HCl 浓度以 4 mol·L^{-1} 为好。HCl 浓度大于 6 mol·L^{-1} 时 Sn^{2+} 则先还原甲基橙为无色,使其无法指示 Fe^{3+} 的还原,同时 Cl^- 浓度过高也可能消耗 $K_2Cr_2O_7$;HCl 浓度低于 2 mol·L^{-1} 时则甲基橙褪色缓慢。反应完后,以二苯胺磺酸钠为指示剂,用 $K_2Cr_2O_7$ 标准溶液滴定至溶液呈紫色即为终点,主要反应式如下:

$$2FeCl_4^- + SnCl_4^{2-} + 2Cl^- = 2FeCl_4^{2-} + SnCl_6^{2-}$$

$$6Fe^{2+} + Cr_2O_7^{2-} + 14H^+ = 6Fe^{3+} + 2Cr^{3+} + 7H_2O$$

三、实验仪器和试剂

1. 仪器

0.1 mg 分析天平,称量瓶,25 mL 移液管,250 mL 锥形瓶,酸式滴定管。

2. 试剂

$K_2Cr_2O_7$(AR 或基准试剂,在 150～180℃ 烘干 2 h,放入干燥器冷却至室温),10% $SnCl_2$ 溶液(称取 10 g $SnCl_2$·$2H_2O$ 溶解在 20 mL 浓盐酸中,用水稀释至 100 mL,然后再加几粒纯锡以保存之),5% $SnCl_2$ 溶液(将 10% 的 $SnCl_2$ 溶液稀释一倍),浓 HCl,硫磷混酸(将 150 mL 浓硫酸缓缓加入 700 mL 水中,冷却后加入 150 mL H_3PO_4,摇匀),0.1% 甲基橙水溶液,0.2% 二苯胺磺酸钠水溶液。

四、实验内容

1. $0.017 \ mol \cdot L^{-1} K_2Cr_2O_7$ 标准溶液的配制

参照"有汞测铁法"。

2. 铁矿试样的分析

准确称取铁矿石粉 $1\sim1.5$ g 于 250 mL 烧杯中,用少量水润湿后,加 20 mL 浓 HCl,盖上表面皿,在通风橱中低温分解试样(可在砂浴上加热 $20\sim30$ min,并不时摇动,避免沸腾),若有带色不溶残渣,可滴加 10% $SnCl_2$ 溶液 $20\sim30$ 滴助溶,试样分解完全时[1],剩余残渣应为白色(SiO_2)或非常接近白色,用少量水冲洗表面皿及烧杯内壁,冷却后将溶液转移到 250 mL 容量瓶中,加水稀释至刻度,摇匀。

移取样品溶液 25.00 mL 于 250 mL 锥形瓶中,加 8 mL 浓 HCl,加热至接近沸腾,加入 6 滴 0.1% 甲基橙,趁热边摇动锥形瓶边慢慢滴加 10% $SnCl_2$ 溶液还原 Fe^{3+}[2],溶液由橙红色变为红色,再慢慢滴加 5% $SnCl_2$ 至溶液变为淡粉色,若摇动后粉色褪去,说明 $SnCl_2$ 已过量,可补加 1 滴甲基橙,以除去稍微过量的 $SnCl_2$,此时溶液如呈浅粉色最好[3],不影响滴定终点,$SnCl_2$ 切不可过量。然后,迅速用流水冷却,加蒸馏水 50 mL,硫磷混酸 20 mL[4],0.2% 二苯胺磺酸钠 4 滴[5],并立即用 $K_2Cr_2O_7$ 标准溶液滴定至出现稳定的紫色为终点。平行测定三次,计算试样中 Fe 的含量。

【注释】

[1] 若硫酸盐试样难于分解时,可加入少许氟化物助溶,但此时不能用玻璃器皿分解试样。

[2] 用 $SnCl_2$ 还原 Fe^{3+} 时,溶液温度不能太低。

[3] 如刚加入 $SnCl_2$ 红色立即褪去,说明 $SnCl_2$ 已经过量,可补加 1 滴甲基橙,以除去稍微过量的 $SnCl_2$,此时溶液若呈现浅粉色,表明 $SnCl_2$ 已不过量。

[4] 加入硫磷混酸后,应立即滴定。

[5] 二苯胺磺酸钠不能多加。

(Ⅲ)无汞测铁法($SnCl_2 - TiCl_3 - Na_2WO_4 - K_2Cr_2O_7$)

二、实验原理

试样溶解后,首先用 $SnCl_2$ 还原大部分的 Fe^{3+},然后用 $TiCl_3$ 定量还原剩余的 Fe^{3+}:

$$2Fe^{3+} + Sn^{2+} = 2Fe^{2+} + Sn^{4+}$$

$$Fe^{3+} + Ti^{3+} + H_2O = Fe^{2+} + TiO^{2+} + 2H^+$$

用钨酸钠作指示剂指示还原终点,即当 Fe^{3+} 定量还原为 Fe^{2+} 后,过量 1 滴 $TiCl_3$ 溶液,可使作为指示剂的六价钨(无色)还原成蓝色的五价钨化合物,俗称"钨蓝",故溶液呈蓝色。过量的 $TiCl_3$,可在 Cu^{2+} 的催化下,借水中溶解氧的氧化,从而消除少量还原剂的影响。

还原 Fe^{3+} 时,不能单用 $SnCl_2$,因为在此酸度下,$SnCl_2$ 不能还原 W(Ⅵ)为 W(Ⅴ),故溶液没有明显的颜色变化,无法控制其用量,而且过量的 $SnCl_2$ 没有适当的非汞方法除去;但也不宜单用 $TiCl_3$,因为钛盐较贵,且使用时易产生四价钛盐沉淀,影响测定,故常将 $SnCl_2$

与 $TiCl_3$ 联合使用。

Fe^{3+} 定量还原为 Fe^{2+} 和过量还原剂除去后,即可用二苯胺磺酸钠为指示剂,以 $K_2Cr_2O_7$ 标准溶液滴定至溶液呈稳定的紫色即为终点。

三、实验仪器和试剂

1. 仪器

0.1 mg 分析天平,称量瓶,250 mL 锥形瓶,酸式滴定管。

2. 试剂

10% $SnCl_2$ 溶液,硫磷混酸(配制方法同上),$K_2Cr_2O_7$(AR 或基准试剂,在 150~180℃ 烘干 2 h,放入干燥器冷却至室温),浓 HCl,2.5% Na_2WO_4 溶液(5% 的 Na_2WO_4 溶液与 15% H_3PO_4 溶液等体积混合),6% $TiCl_3$ 溶液(于 40 mL 15% 的 $TiCl_3$ 溶液中,加入 20 mL 浓盐酸,加水稀释至 100 mL,再加三粒无砷锌粒,放置过夜后使用),0.2% 二苯胺磺酸钠水溶液,0.4% $CuSO_4$ 溶液。

四、实验内容

1. 0.017 mol·L^{-1} $K_2Cr_2O_7$ 标准溶液的配制

参照"有汞测铁法"。

2. 铁矿试样的分析

准确称取 0.15~0.2 g 样品(Fe_2O_3)置于 250 mL 的锥形瓶中,用少量水润湿,加入 10 mL 的浓 HCl,盖好表面皿,低温加热溶解,试样分解完全后,用少量水冲洗表面皿和瓶壁,加热至近沸趁热滴加 10% $SnCl_2$ 溶液,将大部分 Fe^{3+} 还原为 Fe^{2+},此时溶液由黄色变为浅黄色,加入 1 mL 的 2.5% Na_2WO_4 溶液,滴加 6% $TiCl_3$ 溶液至出现蓝色,并过量 1 滴。冷却至室温,用水稀释溶液至 150 mL,加 0.4% $CuSO_4$ 溶液 2 滴,待蓝色褪尽 1~2 min 后,加入 10 mL 硫磷混酸,加 4 滴 0.2% 二苯胺磺酸钠为指示剂,立即用 0.017 mol·L^{-1} $K_2Cr_2O_7$ 标准溶液滴定至溶液呈稳定的紫色即为终点,计算试样中铁的含量。

五、思考题

(1) $K_2Cr_2O_7$ 法测定铁矿石中的铁时,滴定前为什么要加入 H_3PO_4?加入 H_3PO_4 后为何要立即滴定?

(2) 用 $SnCl_2$ 还原 Fe^{3+} 时,为何要在加热条件下进行?三种不同的预处理方法对加入 $SnCl_2$ 的量有什么要求?

(3) $K_2Cr_2O_7$ 为什么可以直接称量配制准确浓度的溶液?

(4) 分解铁矿石时,为什么要在低温下进行?如果加热至沸会对结果产生什么影响?

(5) 本实验的三种分析方法中 $HgCl_2$、甲基橙、$TiCl_3$ 及 Na_2WO_4 各起什么作用?

实验 38　城市污水中硫酸盐的测定

一、实验目的

(1) 了解控制城市污水的意义和方法。

（2）学会测定硫酸盐的几种方法。

（3）巩固重量法、容量法的基本操作。

（4）掌握仪器分析的操作规程。

二、实验原理

1. 用重量法测定城市污水中硫酸盐的方法

测定硫酸盐（以 SO_4^{2-} 计）的浓度范围为 $5\sim1\,000\ mg\cdot L^{-1}$。凡是酸不溶解物均干扰测定，在用氯化钡进行沉淀之前，将样品用盐酸酸化并过滤，可去除干扰。测定原理是样品中硫酸根（SO_4^{2-}）与钡离子（Ba^{2+}）反应生成硫酸钡（$BaSO_4$）沉淀，以硫酸钡的质量计算出硫酸根的质量。

2. 用铬酸钡容量法测定城市污水中硫酸盐的方法

其原理为：在酸性溶液中，铬酸钡与硫酸盐生成硫酸钡沉淀，并释放出铬酸根离子。反应完全后多余的铬酸钡及生成的硫酸钡仍是沉淀状态，过滤以除去沉淀。滤液中加入碘化钾与盐酸，通过氧化还原反应后释放出等量的碘，然后用硫代硫酸钠标准溶液滴定，计算出硫酸盐的量。本方法的最低检出浓度为 $20\ mg\cdot L^{-1}$。水样中的碳酸根也会与钡离子形成沉淀。在加入铬酸钡之前，将样品酸化并加热，这样可以去除水样中碳酸盐的干扰。

上述两种方法，为防止样品中微生物分解硫酸根，采样后两天内进行分析。

3. 用离子色谱法测定城市污水中硫酸盐的方法

方法原理为：当淋洗液携带样品进入分离柱后，样品中离子便与离子交换功能基的平衡离子争夺树脂的离子交换位置。经过多次竞争达到交换平衡。由于不同离子对树脂固定相的亲和力不同，通过淋洗液的不断淋洗，各种离子便先后从色谱柱上被洗脱下来，实现了分离。通过抑制剂大幅度降低淋洗液的电导值，即可经检测器检测各种离子，得到一个个色谱峰，与标准进行比较，根据保留时间定性，根据峰面积或峰高定量。硫酸盐的最低检出限和线性上限与所用仪器性能、淋洗液的强弱浓度等因素有关。不同的分离柱和不同的淋洗液强度、浓度、流速等都会影响硫酸盐的保留时间。以碳酸钠-碳酸氢钠淋洗液为例，其大致保留时间为 $18.26\ min$。任何与待测离子的保留时间相同的物质均干扰测定，可通过选择适当的分离柱和淋洗液来避免干扰。保留时间相近的离子浓度相差太大时会产生干扰而不能定量，可通过适当的稀释或标准加入法来避免干扰。

样品中的悬浮固体和有机物等均会影响仪器的正常运行，所以要对每个样品和试剂分别用 $0.45\ \mu m$ 微孔滤膜过滤；样品还需再经 SEP 小柱，去除其中的悬浮固体和大部分有机物后再进行测定。样品经过 $0.45\ \mu m$ 微孔滤膜过滤后，再经 SEP 小柱处理，收集于洁净的玻璃瓶或聚四氟乙烯瓶中。样品采集后一般不加保护剂，于 4℃ 存放，样品稳定 28 天。

三、实验仪器和试剂

1. 仪器

马弗炉，电热板，0.1 mg 分析天平，离子色谱仪（具有分离柱和抑制柱），超声波振荡器，真空抽滤器，$0.45\ \mu m$ 微孔滤膜，SEP 小柱。

2. 试剂

1∶1 盐酸溶液，1% 盐酸溶液，5% 氯化钡溶液，1% 硝酸银，铬酸钡悬浮液[1]，1% 淀粉溶液,1∶1 氨水,2.5 mol·L⁻¹盐酸溶液,10％ 碘化钾溶液,1∶5 硫酸溶液,0.050 0 mol·L⁻¹重铬酸钾标准溶液,0.050 0 mol·L⁻¹硫代硫酸钠标准溶液,淋洗储备液[2],淋洗使用液[3],再生液(0.012 5 mol·L⁻¹H₂SO₄ 溶液),邻苯二甲酸氢钾淋洗液(pH＝6.5)[4],1 000 mg·L⁻¹硫酸钠标准贮备液。

在进行离子色谱法分析时实验用水均须二次蒸馏后再经 0.45μm 微孔滤膜过滤,或采用电阻率不小于 15 MΩ·cm 的超纯水。所用试剂均为优级纯或色谱纯。

四、实验内容

1. 重量法

(1) 取 200 mL 实验室样品作为试样(若 SO_4^{2-} 超过 1 000 mg·L⁻¹时相应减少取样量),置于 400 mL 烧杯中,加 10 mL 1∶1 盐酸溶液,盖上表面皿,置电热板加热至沸腾,稍冷,用定性滤纸过滤,用热水洗涤烧杯及滤纸 4～5 次,弃去沉淀,滤液待测定。

(2) 将滤液置电热板加热至 80～90℃,趁热用玻璃棒边搅拌边滴加 10 mL 5％氯化钡溶液,然后使溶液控制在 80～90℃保温 2 h 左右,冷却后用慢速定量滤纸过滤;或陈化过夜后用慢速定量滤纸过滤。用 1％盐酸溶液洗涤烧杯及滤纸 2～3 次,用热水将沉淀全部洗入漏斗,继续用热水洗涤至无氯离子为止(用 1％硝酸银溶液检验)。

(3) 用滤纸包裹好沉淀,放入经 800～850℃灼烧并已恒重的瓷坩埚中,低温烘干后在电炉上灰化,然后放入马弗炉内,坩埚盖与坩埚口留有缝隙,于 800～850℃灼烧 30 min,取出,稍冷后,盖好盖子,放入干燥器中冷却至室温(约 30 min),称至恒重。

(4) 硫酸盐含量计算:

$$\omega = \frac{(m_2 - m_1) \times 0.411\ 6 \times 1\ 000 \times 1\ 000}{V}$$

式中:ω 为硫酸盐含量,mg·L⁻¹;m_2 为坩埚加硫酸钡质量,g;m_1 为坩埚质量,g;0.411 6 为 $M_{SO_4^{2-}}/M_{BaSO_4}$;V 为试样体积,mL。

2. 铬酸钡容量法

(1) 取 100 mL 蒸馏水作空白测定。按(2)～(5)的步骤进行。

(2) 量取适量实验室样品作为试样(不足 100 mL 时,用水补足)置于 250 mL 锥形瓶中,试样中加入 5.00 mL 0.050 0 mol·L⁻¹重铬酸钾标准溶液和 1 mL 2.5 mol·L⁻¹盐酸溶液,加热煮沸 5 min 左右。

(3) 取下锥形瓶,加入 5 mL 铬酸钡悬浮液,再煮沸 5 min 左右。取下锥形瓶,稍冷后,逐滴加入(1∶1)氨水至呈柠檬黄色,再多加 2 滴。待溶液冷却后,将瓶中液体倾入 250 mL 容量瓶,用蒸馏水稀释至标线,用定性滤纸过滤,注意滤液应透明。

(4) 吸取 100 mL 滤液于 250 mL 碘量瓶中,再加入 10 mL 10％碘化钾溶液及 5 mL 2.5 mol·L⁻¹盐酸溶液,加盖并振荡之。将瓶放在暗处,静置 20 min,然后取出碘量瓶,用 0.050 0 mol·L⁻¹硫代硫酸钠标准溶液滴定至淡黄色时,加入 1 mL 1％淀粉溶液,继续滴定至蓝色刚好褪去为止,记录用量。

(5) 硫酸盐的含量计算:

$$\omega = \frac{(V_2 - V_1) \times 0.050\ 0 \times 96 \times 250 \times 1\ 000 \times 1\ 000}{3\ 000 \times 100 \times V_3} = \frac{4\ 002.5 \times (V_2 - V_1)}{V_3}$$

式中:ω为硫酸盐的含量,mg·L^{-1};V_1为滴定空白样品所消耗硫代硫酸钠标准溶液的体积,mL;V_2为滴定试样所消耗硫代硫酸钠标准溶液的体积,mL;V_3为试样体积,mL。

3. 离子色谱法

（1）前处理

经 0.45 μm 微孔滤膜过滤,再经 SEP 小柱处理后的样品作为试样,如需测定保留时间较小的离子则要在试样中加入淋洗液。

（2）校准曲线

① 标准使用液的配制　根据被测试样大致的浓度范围,使用硫酸盐标准贮备液配制 4 个不同浓度的标准溶液,成为一个色谱校准系列。

② 校准曲线的绘制　在给定的色谱条件下,对校准系列按浓度由低到高的次序进行色谱分析,以浓度为横坐标,峰面积或峰高为纵坐标作图,得到校准曲线。

（3）测定色谱条件

① 以碳酸钠-碳酸氢钠为淋洗液　淋洗液流速:1.8 mL·min^{-1};再生液流速:5 mL·min^{-1};试样进样量:25 μL(通过定量管进样)。

② 以邻苯二甲酸氢钾为淋洗液　淋洗液流速:1.2 mL·min^{-1};试样进样量:100 μL(通过定量管进样)。

仪器操作应严格按照制造商提供的操作手册进行。

（4）分析结果

将试样经适当稀释（或浓缩)后,用与校准曲线绘制相同的条件进行分析测定。根据离子的出峰保留时间定性。根据阴离子的峰面积或峰高从校准曲线上查得的浓度进行定量,单位 mg·L^{-1}。

（5）注意事项

① 对含有不溶性大颗粒物的样品可用物理吸附、过滤的方法使大颗粒物滞留于滤纸上而被除去;对含有溶解性有机物和其他离子的样品可利用特种树脂的吸附交换特性,对其进行处理。常用树脂及其性能和使用方法如下:

YXA05 型吸附树脂（40～100 目）:可用来去除样品中的溶解性有机物的干扰。使用前须将它用无水乙醇浸泡 48 h,以纯水洗至无 Cl$^-$,备用。

YZX8 型交换树脂（100～150 目）:可用于去除样品中的重金属阳离子等的干扰。使用前的处理方法同 YXA05 型树脂。如样品中重金属离子含量较低,可采用 1 g 树脂/柱。

YZX8 - Ag$^+$ 树脂:可用于测定低含量的氟化物、亚硝酸盐、磷酸盐时氯化物干扰的排除。使用前须用 1 000 mL 0.1% AgNO$_3$ 溶液缓慢淋洗 70 g YZX8 型树脂,然后以纯水洗至无 NO$_3^-$ 后,备用。

② 前处理柱

Ⅰ型柱:用于测定阴离子的前处理,填充 2 g YXA05 型吸附树脂和 1 g YZX8 型阳离子交换树脂。

Ⅱ型柱:用于测定高 Cl$^-$ 含量样品中低含量阴离子的前处理,填充 5 g YZX8 - Ag$^+$ 树脂、2 g YXA05 型吸附树脂和 1 g YZX8 型阳离子交换树脂。

【注释】

[1] 铬酸钡悬浮液的配制:称取 19.44 g 铬酸钾与 24.44 g 氯化钡,分别溶于 1 L 蒸馏

水中,加热至沸腾。将两溶液一同倾入 3 L 烧杯内,此时生成黄色铬酸钡沉淀,沉淀下降后,倾出上层清液,然后每次用约 1 L 蒸馏水洗涤沉淀,共需洗涤 5 次左右,最后加蒸馏水至 1 L,使之成悬浮液。每次使用前混匀,每 5 mL 铬酸钡悬浮液约可沉淀 48 g 硫酸根离子。

[2] 淋洗储备液:$0.18\ mol \cdot L^{-1}$ Na_2CO_3 - $0.17\ mol \cdot L^{-1}$ $NaHCO_3$ 溶液

分别称取 19.1 g Na_2CO_3 和 14.3 g $NaHCO_3$(均需在 105℃ 烘 2 h,干燥器中冷却至室温)置于烧杯内,用去离子水溶解后转移至 1 000 mL 容量瓶中定容,储存于聚乙烯瓶中,于冰箱内保存,6 个月有效。

[3] 淋洗使用液:$0.001\ 8\ mol \cdot L^{-1}$ Na_2CO_3 - $0.001\ 7\ mol \cdot L^{-1}$ $NaHCO_3$ 溶液

取 10.00 mL 淋洗储备液置于 1 000 mL 容量瓶中,加去离子水定容后摇匀。

[4] 邻苯二甲酸氢钾淋洗液 (pH=6.5)

称取 0.166 1 g 邻苯二甲酸氢钾(于 105℃ 烘 2 h)溶于超纯水,定容于 1 000 mL 容量瓶中,用固体氢氧化锂(或氢氧化钾)调节 pH 至 6.5,然后用 0.45 μm 微孔滤膜过滤,并脱气,溶液贮于聚四氟乙烯瓶中。

五、思考题

比较测定硫酸盐的三种方法的区别和优点。

实验 39 配合物的离子交换树脂分离及测定

一、实验目的

(1) 学习离子交换分离法的基本原理和基本操作方法。
(2) 掌握离子交换树脂的处理及应用。
(3) 进一步掌握分光光度计的使用,掌握吸收曲线的绘制方法。

二、实验原理

离子交换分离法是利用离子交换剂与溶液中的离子之间发生交换反应来进行分离的方法。这种分离方法不仅可用来分离带不同电荷的离子,也可用来分离带相同电荷的离子,以及富集微量或痕量组分和制备纯物质。离子交换分离法的设备简单,操作也不复杂,缺点是分离过程的周期长、耗时多。因此在分析化学中,常用它解决某些较困难的分离问题。

离子交换剂的种类很多,有无机交换剂、有机交换剂等。目前应用较多的是有机交换剂,即离子交换树脂。离子交换树脂是一类带有功能基的网状结构的高分子化合物,它由不溶性的三维空间网状骨架、连接在骨架上的功能基团和功能基团上带有相反电荷的可交换离子三部分构成。根据功能基团性质的不同,离子交换树脂可分为阳离子交换树脂、阴离子交换树脂和两性离子交换树脂。若带有酸性功能基团,则与溶液中的阳离子进行交换,称为阳离子交换树脂,包括强酸型、弱酸型;若带有碱性功能基团,则与阴离子进行交换,称为阴离子交换树脂,包括强碱型、弱碱型。两性树脂是指在同一树脂中存在着阴、阳两种基团的离子交换树脂,包括强酸-弱碱型、弱酸-强碱型和弱酸-弱碱型。

本实验中所用的离子交换树脂为目前应用最为广泛的聚苯乙烯型阳离子交换树脂,是由苯乙烯和一定量的二乙烯苯的共聚物,经过浓硫酸处理,在共聚物的苯环上引入磺酸基($-SO_3H$)而成,如 732 苯乙烯型强酸性阳离子交换树脂($R-SO_3^- H^+$,R 代表共聚物的母体)。它具有交换容量高、交换速度快、机械强度好等特点,其结构式为:

$$\left[\begin{array}{c} -CH-CH_2- \\ | \\ \bigcirc \\ | \\ SO_3H \end{array} \quad \begin{array}{c} -CH-CH_2- \\ | \\ \bigcirc \\ | \\ -CH-CH_2- \end{array} \right]_n$$

强酸性阳离子交换树脂 $R-SO_3^- H^+$ 中的 H^+ 可以在溶液中与阳离子 M^+ 进行交换:

$$R-SO_3^- H^+ + M^+ \underset{\text{洗脱过程}}{\overset{\text{交换过程}}{\rightleftharpoons}} R-SO_3^- M^+ + H^+$$

阳离子与 H^+ 交换的程度取决于阳离子的性质以及阳离子与 H^+ 的相对浓度。当溶液中的 H^+ 浓度低,则阳离子就将最大限度与磺酸基团$-SO_3^-$ 结合,此为阳离子的交换吸附过程;反之,当溶液中的 H^+ 浓度高,就可将与树脂结合的阳离子置换出来,即阳离子的洗脱过程。不同阳离子与树脂的亲和力不同,通常与阳离子的半径、电荷及离子的极化程度有关。水合阳离子的半径越小、电荷越高、离子的极化程度越大,离子与树脂的亲和力越强,离子越不容易洗脱,需要更高浓度的 H^+ 才能将其洗脱。

在 $CrCl_3 \cdot 6H_2O$ 的弱酸溶液中由于始终存在的 Cr^{3+} 水合作用,因此在溶液中会同时存在$[Cr(H_2O)_4Cl_2]^+$、$[Cr(H_2O)_5Cl]^{2+}$、$[Cr(H_2O)_6]^{3+}$ 这三种配合物离子,其相对数量取决于溶液的放置时间和温度,随放置时间延长和温度升高,高价配离子的浓度逐渐增大。由于它们的电荷不同,可采用离子交换法进行分离。电荷越高,在树脂上的亲和力越强,洗脱液中 H^+ 浓度越高。

离子交换分离一般在离子交换柱中进行。经过处理的树脂在离子交换柱中充有水的情况下装入柱中做成离子交换柱装置。离子交换柱准备好后,将含有三种配合物离子$[Cr(H_2O)_4Cl_2]^+$、$[Cr(H_2O)_5Cl]^{2+}$、$[Cr(H_2O)_6]^{3+}$ 的弱酸性试液($HClO_4$ 的浓度为 $2 \times 10^{-3} mol \cdot L^{-1}$)倾入交换柱中,这三种配合物离子流经交换柱中的树脂层时,与树脂中的 H^+ 离子交换而牢固地吸附在树脂上。如果用 $0.1 mol \cdot L^{-1}$ $HClO_4$ 溶液作为洗脱液,则将与树脂亲和力最弱的$[Cr(H_2O)_4Cl_2]^+$洗脱下来;然后用 $1.0 mol \cdot L^{-1}$ $HClO_4$ 溶液作为洗脱液,则$[Cr(H_2O)_5Cl]^{2+}$被洗脱下来;最后用 $3.0 mol \cdot L^{-1}$ $HClO_4$ 溶液作为洗脱液,则将与树脂亲和力最强的$[Cr(H_2O)_6]^{3+}$洗脱下来,这样就可以分离这三种配合物离子,分别绘制这三种配合物离子的吸收光谱,并进行鉴定。

三、实验仪器和试剂

1. 仪器

分光光度计,1 cm 比色皿,烧杯,容量瓶,吸量管,玻璃交换柱(1 cm × 30 cm)。

3. 试剂

$CrCl_3 \cdot 6H_2O$(固体),70% $HClO_4$,732 苯乙烯型强酸性阳离子交换树脂。

四、实验内容

1. 树脂的预处理

将准备装柱使用的新树脂,先用 70~80℃ 的热水(清洁的自来水即可)反复清洗数次,除去可溶性杂质。然后用蒸馏水浸泡 12 h,使其充分溶胀,再用蒸馏水洗两次,随后用 5 倍树脂体积的 2~3 mol·L^{-1} HCl 浸泡 6 h,并不断搅拌,使树脂转为 H-型。最后用去离子水冲洗至出水 pH 为 3 以上时,即可使用。

2. 装柱

在离子交换柱中放入 2~3 mL 去离子水,将处理好的 10~15 mL 树脂和去离子水一起装入交换柱中(注意树脂间不要有空隙和气泡,也不能让树脂干涸,以免影响交换效率),排出多余去离子水直至略高于树脂高度。

3. 溶液的配制

(1) 洗脱液的配制

用量筒量取一定量的 70% HClO$_4$,分别配制 0.1 mol·L^{-1}、1.0 mol·L^{-1}、3.0 mol·L^{-1} 的 HClO$_4$ 溶液各 100 mL。

(2) 配离子溶液的配制

① [Cr(H$_2$O)$_4$Cl$_2$]$^+$ 溶液:称取 9.33 g 的 CrCl$_3$·6H$_2$O,加入一定量的 HClO$_4$,配制 100 mL 含 0.35 mol·L^{-1} CrCl$_3$ 和 2×10^{-3} mol·L^{-1} HClO$_4$ 的溶液,此溶液即为 0.35 mol·L^{-1} [Cr(H$_2$O)$_4$Cl$_2$]$^+$ 溶液,需现配现用。

② [Cr(H$_2$O)$_5$Cl]$^{2+}$ 溶液:将 5 mL 0.35 mol·L^{-1} [Cr(H$_2$O)$_4$Cl$_2$]$^+$ 溶液在 50~60℃ 的水浴中放置 2~3 min,[Cr(H$_2$O)$_4$Cl$_2$]$^+$ 会大量转化为 [Cr(H$_2$O)$_5$Cl]$^{2+}$,立即将此溶液加到交换柱中进行分离。

③ [Cr(H$_2$O)$_6$]$^{3+}$ 溶液:将 5 mL 0.35 mol·L^{-1} [Cr(H$_2$O)$_4$Cl$_2$]$^+$ 溶液加热至沸并保持沸腾 5 min,随时补充蒸发掉的水分,此时 [Cr(H$_2$O)$_4$Cl$_2$]$^+$ 会大量转化为 [Cr(H$_2$O)$_6$]$^{3+}$,冷却至室温后备用。

4. 配离子的吸收光谱测定

分别吸取 5mL 上述 [Cr(H$_2$O)$_4$Cl$_2$]$^+$ 溶液、[Cr(H$_2$O)$_5$Cl]$^{2+}$ 溶液、[Cr(H$_2$O)$_6$]$^{3+}$ 溶液,加到三根交换柱中,排出多余溶液直至略高于树脂高度。

① [Cr(H$_2$O)$_4$Cl$_2$]$^+$ 溶液:洗脱液为 0.1 mol·L^{-1} HClO$_4$ 溶液,洗脱速度约 2 滴/s,当流出液出现绿色时开始收集在 50 mL 容量瓶中,至流出液绿色消失为止。用 0.1 mol·L^{-1} HClO$_4$ 溶液稀释至刻度,用 1 cm 比色皿,在 350~700 nm 范围内进行分光光度测定[1],绘制吸收曲线。

② [Cr(H$_2$O)$_5$Cl]$^{2+}$ 溶液:先用 0.1 mol·L^{-1} HClO$_4$ 溶液洗脱至流出液无色,以除去可能未转化的 [Cr(H$_2$O)$_4$Cl$_2$]$^+$;再以 1.0 mol·L^{-1} HClO$_4$ 溶液为洗脱液,用同样方法收集翠绿色流出液,并进行分光光度测定,绘制吸收曲线。

③ [Cr(H$_2$O)$_6$]$^{3+}$ 溶液:先用 1.0 mol·L^{-1} HClO$_4$ 溶液洗脱至流出液无色,以除去可能未转化的 [Cr(H$_2$O)$_4$Cl$_2$]$^+$ 和 [Cr(H$_2$O)$_5$Cl]$^{2+}$;再以 3.0 mol·L^{-1} HClO$_4$ 溶液为洗脱液,用同样方法收集蓝色流出液,并进行分光光度测定,绘制吸收曲线。

5. 配离子的分离和鉴定

将 10 mL 放置若干小时的 0.35 mol·L^{-1} CrCl$_3$·6H$_2$O 溶液加入到交换柱中,排出多余溶液直至略高于树脂高度。先以 0.1 mol·L^{-1} HClO$_4$ 溶液为洗脱液,收集绿色流出液;再以 1.0 mol·L^{-1} HClO$_4$ 溶液为洗脱液,收集翠绿色流出液;最后以 3.0 mol·L^{-1} HClO$_4$ 溶液为洗脱液,收集蓝色流出液。分别测定这三种流出液的吸收光谱,进行配离子的鉴定。

【注释】

[1] 在 350～400 nm 间,每隔 10 nm 测定吸光度;在 400～650 nm 间,每隔 5 nm 测定吸光度;在 650～700 nm 间,每隔 10 nm 测定吸光度。注意:每改变一次波长,均需重新调零和用参比溶液调 100% 透光率。

五、实验数据记录及处理

(1) 分别绘制 [Cr(H$_2$O)$_4$Cl$_2$]$^+$、[Cr(H$_2$O)$_5$Cl]$^{2+}$、[Cr(H$_2$O)$_6$]$^{3+}$ 的吸收光谱,确定其特征吸收峰波长 λ。

(2) 根据 CrCl$_3$·6H$_2$O 溶液的离子交换流出液的吸收光谱进行各配离子组成的定性鉴定。

六、思考题

(1) 为什么用 HClO$_4$ 溶液而不是用 HCl 溶液来洗脱交换柱中的铬配合物离子?

(2) 为什么可以用不同浓度的 HClO$_4$ 溶液洗脱不同电荷的铬配合物离子?

(3) 试从铬配合物离子的吸收光谱中吸收峰位置的变化说明 Cl$^-$ 和 H$_2$O 相对配体场的强度。

实验 40　亚甲基蓝分光光度法测定废水中硫化物

一、实验目的

(1) 学习亚甲基蓝分光光度法测定 S^{2-} 的基本原理。

(2) 学习废水试样的预处理。

(3) 进一步掌握分光光度计的使用,掌握吸收曲线和标准曲线的绘制方法。

二、实验原理

废水中硫化物含量是环境监测中最重要的监控指标之一,通常是指水溶性无机硫化物和酸溶性金属硫化物,包括溶解性的 H$_2$S、HS$^-$、S^{2-} 和存在于悬浮物中的可溶性硫化物以及酸溶性金属硫化物。用亚甲基蓝分光光度法测定废水中硫化物时,由于废水中的还原性物质、带色物和悬浮物对测定有干扰,故测定前需使用适当的预处理方法将硫化物与干扰物质分离。对无色透明、不含悬浮物的水样,可采用沉淀分离法进行预处理;对含悬浮物、浑浊度高、不透明的水样,多采用酸化-吹气-吸收法进行预处理,实验装置如图 3-2 所示。

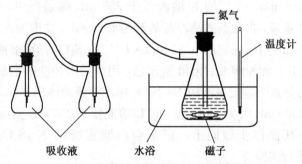

图 3-2　废水试样预处理装置示意图

吸收 H_2S 气体的吸收液主要有醋酸锌、硫酸镉和氢氧化钠三大类。结合实验条件,考虑到准确、稳定可靠及简易可行等因素,可选用 $0.1\ mol \cdot L^{-1}$ NaOH:$0.01\ mol \cdot L^{-1}$ EDTA:$H_2O=1:1:40(V/V,$体积比)为吸收液,NaOH 为 H_2S 的吸收及保存提供了碱性环境,EDTA 有效地掩蔽了现场采样环境中能与 S^{2-} 形成沉淀的金属离子,克服了其他吸收液的不足,可取得较好的吸收效果。

亚甲基蓝分光光度法测定硫化物的基本原理是利用含 S^{2-} 溶液与对氨基二甲基苯胺溶液在酸性条件下经 Fe^{3+} 催化反应生成亚甲基蓝,其最大吸收波长为 665 nm。此法灵敏度高、选择性好,化学反应方程式如下:

$$
(CH_3)_2N-C_6H_4-NH_2 + S^{2-} \xrightarrow{Fe^{3+}} \text{亚甲基蓝(蓝色)}
$$

三、实验仪器和试剂

1. 仪器

烧杯,玻璃棒,0.1 mg 分析天平,台秤,量筒,吸量管,洗耳球,滴定管,容量瓶,锥形瓶,碘量瓶,废水试样预处理装置,分光光度计,1 cm 比色皿。

2. 试剂

$Na_2S \cdot 9H_2O$(固体),$Na_2S_2O_3$(固体),I_2(固体),冰醋酸,0.2%对氨基二甲基苯胺溶液[1],5%硫酸铁铵溶液[2],0.5% 淀粉溶液。

四、实验内容

1. $0.01\ mol \cdot L^{-1} Na_2S_2O_3$ 溶液的配制及标定

参见实验 22。

2. $0.01\ mol \cdot L^{-1} I_2$ 溶液的配制

准确称取 1.269 0 g I_2,加入 5 g KI,溶解后转移至 500 mL 棕色容量瓶,定容。

3. $1\ mg \cdot mL^{-1} Na_2S$ 贮备液的配制与标定

称取 0.3 g $Na_2S \cdot 9H_2O$,用新煮沸冷却的蒸馏水溶解,并稀释至 100 mL,即为 $1\ mg \cdot mL^{-1}$ Na_2S 贮备液。

取 25.00 mL 0.01 mol·L^{-1}的 I$_2$ 溶液置于 250 mL 碘量瓶中,准确加入10.00 mL 1 mg·mL^{-1} Na$_2$S贮备液,再加新煮沸冷却的蒸馏水 80 mL,立即加入 5 mL 冰醋酸,混匀后在暗处放置 2~3 min;用已标定的 0.01 mol·L^{-1} Na$_2$S$_2$O$_3$ 标准溶液滴定至淡黄色,加入 1 mL 新配制的 0.5 ％淀粉溶液后溶液呈蓝色,用少量水冲洗碘量瓶内壁,再继续滴定至蓝色刚好消失即为终点[3]。记录所用 Na$_2$S$_2$O$_3$ 标准溶液的体积 V(mL),进行三次平行实验。同时,另取 25.00 mL 0.01 mol·L^{-1}的 I$_2$ 溶液置于 250 mL 碘量瓶中,不加 Na$_2$S 贮备液,做空白滴定,其操作步骤同上。记录空白滴定所用 Na$_2$S$_2$O$_3$ 标准溶液的体积 V_0(mL),进行三次平行实验。

按下式计算 Na$_2$S 的浓度:

$$c(\mathrm{Na_2S}) = (V_0 - V) \times c_0 / V(\mathrm{Na_2S})$$

式中:$c(\mathrm{Na_2S})$ 为 Na$_2$S 的摩尔浓度,mol·L^{-1};V_0 为滴定空白时,Na$_2$S$_2$O$_3$ 消耗的体积,mL;V 为滴定 Na$_2$S 贮备液时,Na$_2$S$_2$O$_3$ 消耗的体积,mL;c_0 为 Na$_2$S$_2$O$_3$ 的准确浓度,mol·L^{-1};$V(\mathrm{Na_2S})$ 为 Na$_2$S 贮备液的体积,10.00 mL。

$$\rho(\mathrm{Na_2S}) = c(\mathrm{Na_2S}) \times M(\mathrm{Na_2S})$$

式中:$\rho(\mathrm{Na_2S})$ 为 Na$_2$S 的质量浓度,mg·mL^{-1},$M(\mathrm{Na_2S})$ 为 Na$_2$S 的摩尔质量,78.04 g·mol^{-1}。

4. 10 μg·mL^{-1} Na$_2$S 标准溶液的配制

吸取上述已标定的 1 mg·mL^{-1} Na$_2$S 贮备液 10.00 mL,稀释至 100 mL,此时溶液的浓度为 100 μg·mL^{-1};再吸取 10.00 mL 100 μg·mL^{-1} Na$_2$S 溶液,稀释至 100 mL,即得 10 μg·mL^{-1} 的 Na$_2$S 标准溶液。

5. 空白、S^{2-} 系列标准溶液的配制

取 10 只 50 mL 容量瓶并编号。分别准确移取 10 μg·mL^{-1} 的 Na$_2$S 标准溶液 0 mL、1 mL、2 mL、3 mL、4 mL、5 mL、6 mL、7 mL、8 mL、9 mL 于 50 mL 容量瓶中,用 20~30 mL 新煮沸冷却的蒸馏水稀释,加入 10 mL 0.2％对氨基二甲基苯胺溶液,摇匀。2 min 后加入 1 mL 5％硫酸铁铵溶液,用蒸馏水稀释至刻度,摇匀,放置 10 min 后测定。

6. 亚甲基蓝吸收曲线的绘制(最大吸收波长的选择)

以 1 号溶液为参比溶液,用分光光度计在 550~780 nm 间每隔 10 nm 测定 6 号溶液吸光度 A[4],并记录实验数据。分别以波长为横坐标,吸光度为纵坐标,绘制吸收曲线,确定最大吸收波长 $\lambda_{\max}$。

7. 标准曲线的绘制

在选定的最大吸收波长处,以 1 号溶液为参比溶液,用分光光度计分别测定 2~10 号溶液的吸光度,并记录之。以吸光度对浓度作图,绘制标准曲线,并拟合标准曲线对应的线性方程。

8. 废水中硫化物的测定

吸取一定量的废水试样,对待测试样溶液进行预处理,将硫化氢吸收液置于 50 mL 容量瓶中,然后按照绘制标准曲线的操作,依次加入各种试剂使之显色,用蒸馏水稀释至刻度,摇匀。以 1 号溶液为参比溶液,在分光光度计上用 1 cm 比色皿,在最大吸收波长下,测定试样吸光度 A_x,由 A_x 在标准曲线或根据标准曲线拟合的方程计算待测试样中硫化物的含量。

【注释】

　　[1] 0.2%对氨基二甲基苯胺溶液:将 0.2 g 对氨基二甲基苯胺溶于 20 mL 蒸馏水中,充分溶解后在该溶液中缓缓加 20 mL 浓硫酸,待冷却后用蒸馏水稀释至 100 mL。

　　[2] 5%硫酸铁铵溶液:在 60~70 mL 蒸馏水中缓慢加 1 mL 浓 H_2SO_4,待冷却后加 5 g 硫酸铁铵,完全溶解后用蒸馏水稀释至 100 mL。

　　[3] 此时有硫生成,使溶液微浑浊,要特别注意终点颜色的突变。

　　[4] 在 665 nm 附近每间隔 5 nm 测定吸光度,注意每改变一次波长,均需重新调零和用参比溶液调 100%透光率。

五、思考题

　　(1) Na_2S 有什么性质? 在配制 Na_2S 贮备液时需要注意哪些因素?

　　(2) 标定 Na_2S 贮备液时需要考虑哪些因素? 哪些条件会影响到标定的准确度?

　　(3) 绘制吸收曲线和标准工作曲线时,操作上有什么不同? 为什么?

实验 41　农药草甘膦含量的测定

一、实验目的

　　(1) 熟练掌握紫外分光光度计的原理及其使用方法。

　　(2) 学会利用紫外分光光度计测定草甘膦的含量。

二、实验原理

　　草甘膦(glyphosate),学名 N-(膦酰基甲基)甘氨酸,化学式为 $C_3H_8NO_5P$(结构式见图 3-3)。草甘膦是一种除草活性最强的有机磷农药,具有杀草谱广,能有效控制危害最大的 76 种杂草;杀草力强,能防除一些其他除草剂难以杀灭的多年生深根恶性杂草。同时,它还有低毒、易分解、无残留等优点。草甘膦的含量决定了该农药的作用,因此测定草甘膦的含量有着重要而现实的意义。

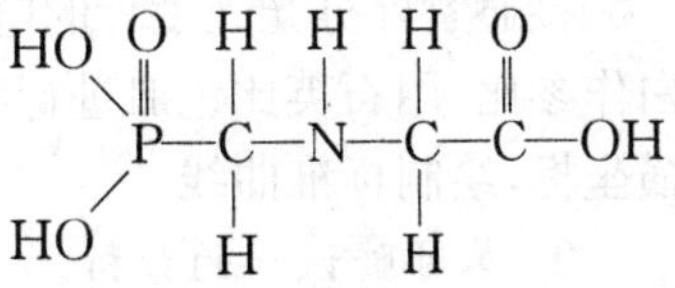

图 3-3　草甘膦结构式

　　本实验采用紫外分光光度法测定草甘膦的含量,原理为:草甘膦与亚硝酸钠反应生成草甘膦的亚硝基化衍生物——N-亚硝基-N-膦羧甲基甘氨酸。该化合物的紫外最大吸收波长(λ_{max})为 243 nm,可直接采用紫外分光光度法进行测定。

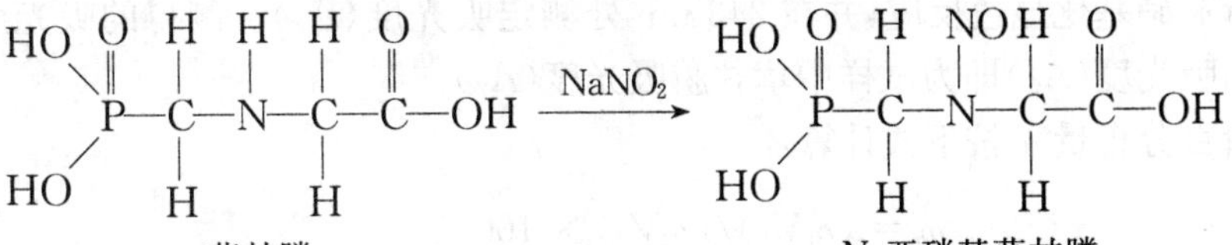

草甘膦　　　　　　　　　　　　　　　　　N-亚硝基草甘膦

三、实验仪器和试剂

1. 仪器

紫外分光光度计,1 cm 石英比色皿,1 mL、2 mL、5 mL 刻度吸量管,电热板或电炉。

2. 试剂

浓盐酸,1∶1 硫酸溶液,25% 溴化钾溶液,1.5% 亚硝酸钠溶液(现用现配),草甘膦标样(含量≥99.8%)。实验用水均为蒸馏水或相应纯度的水。所用试剂均为分析纯试剂。

四、实验内容

1. 标准曲线的绘制

(1) 草甘膦标样溶液的配制

准确称取 0.3 g 草甘膦标准样品(精确至 0.000 1 g,m_1),转移至 100 mL 烧杯中,加 50 mL 水、1 mL 浓盐酸,搅拌均匀。将烧杯置于电热板或电炉上,用玻璃棒边搅拌边缓缓加热至草甘膦固体完全溶解,冷却至室温。将上述溶液转移至 250 mL 容量瓶中,用 15 mL 水荡洗烧杯三次,荡洗液倾倒至容量瓶中,用水稀释至刻度,摇匀,制成草甘膦标准溶液[1]。

(2) 草甘膦的亚硝基化

准确吸取上述草甘膦标准溶液 0.0 mL、0.7 mL、1.0 mL、1.3 mL、1.6 mL、1.9 mL 于 6 个 100 mL 容量瓶中,在各容量瓶中分别加入 5 mL 蒸馏水,0.5 mL 1∶1 硫酸溶液,0.1 mL 25% 溴化钾溶液,0.5 mL 1.5% 亚硝酸钠溶液。加入亚硝酸钠后应立即将塞子塞紧,充分摇匀,放置 20 min(反应时温度不低于 15℃)。用水稀释至刻度,摇匀,最后将塞子打开,放置 15 min。

(3) 标准曲线的绘制

接通紫外分光光度计的电源,开启氘灯预热 20 min,调整波长在 243 nm 处,以试剂空白作参比,用石英比色皿进行吸光度测量[2]。以吸光度为纵坐标,相应的标样溶液的体积为横坐标,绘制标准曲线。

2. 草甘膦试样的分析

准确称取 0.5 g 草甘膦试样(精确至 0.000 1 g,m_2),转移至 100 mL 烧杯中,加 50 mL 水、1 mL 浓盐酸,搅拌均匀。将烧杯置于电热板或电炉上,用玻璃棒搅拌,缓慢加热并保持微沸 5 min 后,用快速滤纸过滤,仔细冲洗滤纸,合并滤液和洗涤液至 250 mL 容量瓶中,冷至室温,用水稀释至刻度,摇匀。

分别精确吸取 1.0 mL 试样溶液(V_2)于 2 个 100 mL 容量瓶中,其中 1 份用水稀释至刻度、摇匀。以蒸馏水作参比,测定试样本身的吸光度(A_0)。另 1 份按实验内容中 1(2)的实验步骤进行亚硝基化显色反应,并在 243 nm 处测定吸光度(A_1)。测得的吸光度(A_1)扣除试样本身的吸光度(A_0)即为试样中草甘膦吸光度(A_2)。

草甘膦百分含量 ω 按下式计算:

$$\omega = (\rho_1 V_1)/(\rho_2 V_2) \times 100\%$$

$$\rho_1 = m_1 \times 1\,000/250, \quad \rho_2 = m_2 \times 1\,000/250$$

式中:ρ_1 为草甘膦标样溶液中草甘膦的质量浓度,mg·mL^{-1};ρ_2 为草甘膦试样溶液中草甘膦的质量浓度，mg·mL^{-1}；m_1 为草甘膦标样的质量，g；m_2 为草甘膦试样的质量，g；V_1 为与草甘膦试样的吸光度(A_2)相对应的标准溶液的体积，mL；V_2 为吸取草甘膦试样溶液的体积，1.0 mL。

【注释】

[1] 草甘膦标准溶液的存储时间不得超过 15 天。

[2] 比色皿用完后用 50％硝酸溶液洗涤。

五、思考题

草甘膦的亚硝基化过程中为什么要加溴化钾溶液？

实验 42　光亮镀镍溶液中主要成分的分析

一、实验目的

(1) 了解光亮镀镍液中主要成分的作用和分析意义。

(2) 掌握光亮镀镍液中主要成分及杂质的分析方法。

(3) 掌握滴定终点的判断。

(4) 正确操作有关仪器。

二、实验原理

钢铁表面光亮镀镍，具有良好的抛光性、硬度高、耐磨，在空气、碱和某些酸中很稳定。光亮镀镍液中的主要成分为硫酸镍、氯化镍、硼酸及光亮剂等。镀层质量的好坏与镀液中主要成分的含量密切相关。因此，电镀溶液的化验分析是检验其组分配比是否正常的重要手段，需定期予以化验分析，并及时予以调整，使镀液在良好的条件下备用，这又是生产任务下达后即能及时投入生产的重要保证。

在镀液分析中，主要控制硫酸镍、氯化镍、硼酸及杂质离子的含量，其分析方法为：

1. 总镍的测定

在碱性溶液中，镍和 EDTA 定量反应，以紫脲酸铵为指示剂，得到镍含量。当有铜锌等金属杂质存在时对测定有干扰，但它们在光亮镀镍溶液中一般含量极少，对测定镍影响不大，几乎无干扰，可忽略。

$$Ni^{2+} + H_2Y^{2-} \longrightarrow NiY^{2-} + 2H^+$$

2. 氯离子含量的测定

采用莫尔法测定氯离子含量，即氯离子和硝酸银定量地生成白色氯化银沉淀：

$$Cl^- + AgNO_3 \longrightarrow AgCl\downarrow + NO_3^-$$

滴定时以铬酸钾为指示剂。在中性或弱碱性溶液中，铬酸钾和硝酸银生成砖红色铬酸银沉淀，但铬酸银的溶解度比氯化银大，当氯化银完全沉淀后，稍微过量的硝酸银，即和铬酸钾反应生成砖红色铬酸银沉淀，指示滴定终点。

$$2Ag^+ + K_2CrO_4 \longrightarrow Ag_2CrO_4 \downarrow + 2K^+$$

由于铬酸银溶解于酸,因此滴定时溶液的 pH 应保持在 6.5～10.5 之间;若有铵盐存在时,溶液的 pH 应控制在 6.5～7.2 之间。此时其他阴离子如 I^-、Br^- 以及阳离子 Pb^{2+}、Ba^{2+} 等对测定有干扰,但在此镀液中,它们存在极少,不影响氯化物的测定。

实验结果计算:① 通过氯离子的含量计算氯化镍的含量;② 利用质量分数比计算出镍的含量;③ 用总镍量减去氯化镍中的镍含量,得出硫酸镍的含镍量;④ 通过硫酸镍的含镍量计算出硫酸镍的含量。

3. 硼酸的测定

硼酸虽是多元酸,但酸性极弱,不能直接用碱滴定。甘油、甘露醇和转化糖等含多羟基的有机物,能和硼酸生成较强的络合酸,可用碱滴定,以酚酞为指示剂。

4. 铜离子的测定

以 EDTA 除去镍的干扰,在含有保护胶体的氨性溶液中,二乙胺基二硫代甲酸钠 DDTC 与铜离子形成棕黄色化合物,以此作铜的测定。

5. 铁离子的测定

以硝酸将铁氧化为三价,在大量铵盐存在下,加氨水使三价铁离子沉淀为氢氧化铁,以盐酸溶解,以硫氰酸钠显色后分光光度法测定铁。

三、实验仪器和试剂

1. 仪器

分光光度计,3 cm 比色皿,1 cm 比色皿,容量瓶,锥形瓶,滴定管,移液管,洗耳球,加热装置。

2. 试剂

$0.05 \text{ mol} \cdot L^{-1}$ EDTA 标准溶液(参见实验 12),NH_3 - NH_4Cl 缓冲溶液(pH=10),紫脲酸铵指示剂(固体),氟化铵(固体),1%铬酸钾溶液,$0.1 \text{ mol} \cdot L^{-1}$硝酸银标准溶液(参见实验 16),甘油混合液(柠檬酸钠 60 g 溶于少量水中,加入甘油 600 mL,再加少量酚酞,加水稀释至 1 L),$0.1 \text{ mol} \cdot L^{-1}$氢氧化钠标准溶液(参见实验 5),1%阿拉伯树胶溶液[1],50%柠檬酸铵溶液,$0.25 \text{ mol} \cdot L^{-1}$EDTA 溶液,1:1 氨水溶液,$0.25 \text{ mol} \cdot L^{-1}$硫酸镁溶液,0.2%二乙胺基二硫代甲酸钠(DDTC),$0.025 \text{ mg} \cdot mL^{-1}$铜标准溶液[2],25%氯化铵溶液,1:1 盐酸溶液,20% 硫氰酸钠溶液,$0.05 \text{ mg} \cdot mL^{-1}$铁标准溶液[3],浓硝酸,光亮镀镍液[4]。

四、实验内容

1. 总镍的测定

吸取镀液 10 mL 于 100 mL 容量瓶中,加水稀释至刻度。吸取此稀释液 10 mL 于 250 mL 锥形瓶中,加水 80 mL,pH=10 的 NH_3 - NH_4Cl 缓冲溶液 10 mL,少量紫脲酸铵指示剂,以 $0.05 \text{ mol} \cdot L^{-1}$EDTA 滴定至溶液由黄色恰好转紫色即为终点。

2. 氯化物的测定

吸取上述稀释液 10 mL 于 250 mL 锥形瓶中,加水 50 mL 及 1%铬酸钾溶液 3～5 滴,用 $0.1 \text{ mol} \cdot L^{-1}$标准硝酸银滴定至最后一滴硝酸银使生成的白色沉淀略带砖红色为终点

（0.1 mol·L^{-1}硝酸银标准溶液的配制与标定参见实验 16）。

3. 硼酸的测定

吸取上述稀释液 10 mL 于 250 mL 锥形瓶中，加水 10 mL，加甘油混合液 25 mL，以 0.1 mol·L^{-1} 氢氧化钠溶液滴定至溶液由淡绿变灰蓝色为终点[5][6]。

4. 铜离子的测定

用移液管吸取镀液 1 mL 两份，分别置于 100 mL 容量瓶中，各加水 30 mL，50% 柠檬酸铵 10 mL，1% 阿拉伯树胶 10 mL，1∶1 氨水 10 mL，0.25 mol·L^{-1} EDTA 5 mL，0.25 mol·L^{-1}硫酸镁 3 mL，0.2% DDTC 10 mL，以水稀释至刻度，摇匀。以 3 cm 比色皿及波长 470 nm 在分光光度计上测得其吸光度。然后在标准曲线上查出其含量。

标准曲线的绘制：取 0.025 mol·L^{-1} 铜标准溶液 0 mL、1 mL、3 mL、5 mL、7 mL 于 5 个 100 mL 容量瓶中，依次加入 50% 柠檬酸铵 10 mL，水 20 mL，1% 阿拉伯树胶 10 mL，1∶1 氨水 10 mL，摇匀，再加 0.2% DDTC 10 mL，以水稀释至刻度，摇匀。按上述方法测定吸光度，并绘制标准曲线。

5. 铁离子的测定

用移液管吸镀液 25 mL 于 300 mL 烧杯中，加 3～4 滴浓硝酸，加热至沸，冷却至约 70℃，加 25% 氯化铵 25 mL，水 100 mL，加 1∶1 氨水至溶液呈强碱性（pH 大约为 12～13，有强烈氨味）。加热至近沸，此时有氢氧化铁生成，趁热过滤，用热水洗涤沉淀数次，用 1∶1 热盐酸 10 mL 溶解沉淀，并以热水洗漏斗数次，滤液及洗液以 100 mL 容量瓶承接，冷却，加 20% 硫氰酸钠 10 mL，以水稀释至刻度，摇匀。用 1 cm 比色皿及波长 500 nm，以水为空白，在分光光度计上测其吸光度。

标准曲线的绘制：取 0.05 mg·L^{-1}标准铁溶液 0 mL、1 mL、3 mL、5 mL、7 mL 于 5 个 100 mL 容量瓶中，加 1∶1 盐酸 10 mL，水 30 mL，20% 硫氰酸钠 10 mL，加水稀释至刻度，摇匀。按上述方法测定吸光度，并绘制标准曲线。

【注释】

[1] 1% 阿拉伯树胶溶液：称取阿拉伯树胶 2 g，溶于热水中，稀释至 200 mL，澄清后，取上清液使用。

[2] 0.025 mg·mL^{-1}铜标准溶液：准确称取纯度在 99.95% 以上的纯铜 0.05 g，置于 250 mL 锥形瓶中，加 1∶1 硝酸 10 mL 使之溶解，煮沸除去氮的氧化物，在容量瓶中稀释至 1 000 mL，摇匀后取出 100 mL 再稀释至 200 mL（1 mL 含 0.025 mg 铜）。

[3] 0.05 mg·mL^{-1}铁标准溶液：准确称取纯铁 0.1 g 溶于少量 1∶1 盐酸中，滴加过氧化氢数滴，溶完后在容量瓶中稀释至 1 000 mL。再取此液 100 mL 稀释至 200 mL（1 mL 含铁 0.05 mg）。

[4] 光亮镀镍液的工艺配方：硫酸镍：250 g·L^{-1}；氯化镍：40 g·L^{-1}；硼酸：40 g·L^{-1}；铜离子：＜50 mg·L^{-1}；铁离子：＜350 mg·L^{-1}。

[5] 滴定时，溶液中加入柠檬酸钠以防止镍生成氢氧化镍沉淀。此外，若有大量铵盐存在时，可使结果偏高，因铵盐对强碱起缓冲作用（铵盐和强碱生成弱碱氨）。

[6] 终点颜色变化由淡绿→灰蓝→紫红。若灰蓝色终点不易控制，可滴定至紫红再减去过量的毫升数（约 0.2 mL）。

五、思考题

（1）在进行总镍滴定时,紫脲酸铵指示剂为什么不能加多? 若加多,对分析结果有何不利影响?

（2）如何正确计算硫酸镍的含量?

实验 43　水泥熟料中 SiO_2、Fe_2O_3、Al_2O_3、CaO、MgO 含量测定

一、实验目的

（1）了解用重量法测定水泥熟料中 SiO_2 含量的原理和方法。

（2）掌握配位滴定法的原理和滴定条件,特别是在铁、铝、钙、镁共存时直接分别测定它们的方法。

（3）进一步掌握配位滴定的几种滴定方法以及计算方法。

（4）掌握水浴加热、沉淀、过滤、洗涤、灰化、灼烧等操作技术。

二、实验原理

水泥熟料是调和生料经 1 400℃以上的高温煅烧而成的。通过熟料分析,可以检验熟料质量和煅烧情况的好坏,根据分析结果,可及时调整原料的配比以控制生产。

水泥熟料中碱性氧化物占 60% 以上,因此宜采用酸分解。水泥熟料主要为硅酸三钙（ $(CaO)_3 \cdot SiO_2$ ）、硅酸二钙（ $(CaO)_2 \cdot SiO_2$ ）、铝酸三钙（ $(CaO)_3 \cdot Al_2O_3$ ）和铁铝酸四钙（ $(CaO)_4 \cdot Al_2O_3 \cdot Fe_2O_3$ ）等化合物的混合物。这些化合物与盐酸作用时,生成硅酸和可溶性的氯化物,反应式如下:

$$(CaO)_2 \cdot SiO_2 + 4HCl \longrightarrow 2CaCl_2 + H_2SiO_3 + H_2O$$

$$(CaO)_3 \cdot SiO_2 + 6HCl \longrightarrow 3CaCl_2 + H_2SiO_3 + 2H_2O$$

$$(CaO)_3 \cdot Al_2O_3 + 12HCl \longrightarrow 3CaCl_2 + 2AlCl_3 + 6H_2O$$

$$(CaO)_4 \cdot Al_2O_3 \cdot Fe_2O_3 + 20HCl \longrightarrow 4CaCl_2 + 2AlCl_3 + 2FeCl_3 + 10H_2O$$

硅酸是一种很弱的无机酸,在水溶液中绝大部分以溶胶状态存在,其化学式以 $SiO_2 \cdot nH_2O$ 表示。在用浓酸和加热蒸干等方法处理后,能使绝大部分硅胶脱水成水凝胶析出,因此可利用沉淀分离的方法把硅酸与水泥中的铁、铝、钙、镁等其他组分分开。

1. SiO_2 的测定

本实验采用重量法测定其含量。重量法又因使硅酸凝聚所用物质的不同分为盐酸干固法、动物胶法、氯化铵法等,本实验采用氯化铵法。在水泥经酸分解后的溶液中,采用加热蒸发近干和加固体氯化铵两种措施,使水溶性胶状硅酸尽可能全部脱水析出。蒸干脱水是将溶液控制在 100℃左右进行。由于 HCl 的蒸发,硅酸中所含的水分大部分被带走,硅酸水溶胶即成为水凝胶析出。由于溶液中的 Fe^{3+}、Al^{3+} 等离子在温度超过 110℃时易水解生成难溶性的碱式盐而混在硅酸凝胶中,这样将使 SiO_2 的结果偏高,而 Fe_2O_3、Al_2O_3 等的结果偏

低,故加热蒸干宜采用水浴以严格控制温度。

加入固体氯化铵后由于氯化铵易离解生成 $NH_3 \cdot H_2O$ 和 HCl,加热时它们易于挥发逸去,从而消耗了水,因此能促进硅酸水溶胶的脱水作用,反应式如下:

$$NH_4Cl + H_2O \longrightarrow NH_3 \cdot H_2O + HCl$$

含水硅酸的组成不固定,故沉淀经过滤、洗涤、烘干后,还需经 $950 \sim 1\,000\,℃$ 高温灼烧成固体 SiO_2,然后称量,根据沉淀的质量计算 SiO_2 的质量分数。

灼烧时,硅酸凝胶不仅失去吸附水,并进一步失去结合水,脱水过程的变化如下:

$$H_2SiO_3 \cdot nH_2O \xrightarrow{110℃} H_2SiO_3 \xrightarrow{950 \sim 1\,000℃} SiO_2$$

灼烧所得的 SiO_2 沉淀是雪白而又疏松的粉末。如所得沉淀呈灰色、黄色或红棕色,说明沉淀不纯。

水泥中的铁、铝、钙、镁等组分以 Fe^{3+}、Al^{3+}、Ca^{2+}、Mg^{2+} 形式存在于过滤 SiO_2 沉淀后的滤液中,它们都与 EDTA 形成稳定的配离子。但这些配离子的稳定性有显著的差别,因此只要控制适当的酸度和采用适当的掩蔽方法,就可用 EDTA 分别滴定它们。

2. 铁的测定

控制酸度为 pH=2~2.5。试验表明,溶液酸度控制得不当对测定铁的结果影响很大。在 pH=1.5 时,结果偏低;pH>3 时,Fe^{3+} 开始形成红棕色氢氧化物,往往无滴定终点,共存的 Ti^{4+} 和 Al^{3+} 的影响也显著增加。

滴定时以磺基水杨酸为指示剂,它与 Fe^{3+} 形成的配合物的颜色与溶液酸度有关,pH=1.2~2.5 时,配合物呈红紫色。由于 Fe-磺基水杨酸配合物不及 Fe-EDTA 配合物稳定,所以临近终点时加入的 EDTA 便会夺取 Fe-磺基水杨酸配合物中的 Fe^{3+},使磺基水杨酸游离出来。磺基水杨酸在水溶液中是无色的,但由于 Fe-EDTA 配合物是黄色的,所以终点时溶液由红紫色变为黄色。

测定时溶液的温度以 60~75℃ 为宜,当温度高于 75℃,并有 Al^{3+} 存在时,Al^{3+} 可能与 EDTA 配位,使 Fe_2O_3 的测定结果偏高,而使得 Al_2O_3 的结果偏低。当温度低于 50℃ 时,则反应速度缓慢,不易得出准确的终点(适用于 Fe_2O_3 含量不超过 30 mg)。

3. 铝的测定

以 PAN 为指示剂的铜盐回滴法是普遍采用的一种测定铝的方法。因为 Al^{3+} 与 EDTA 的配位作用进行得较慢,所以一般先加入过量的 EDTA 溶液,并加热煮沸,使 Al^{3+} 与 EDTA 充分配位,然后用 $CuSO_4$ 标准溶液回滴过量的 EDTA。

Al-EDTA 配合物是无色的,PAN 指示剂在 pH 为 4.3 时呈黄色,所以滴定开始前溶液呈黄色。随着 $CuSO_4$ 标准溶液的加入,Cu^{2+} 不断与过量的 EDTA 配位,由于 Cu-EDTA 是淡蓝色的,因此溶液逐渐由黄色变绿色。在过量的 EDTA 与 Cu^{2+} 完全配位后,继续加入 $CuSO_4$,过量的 Cu^{2+} 即与 PAN 配位成深红色配合物,由于蓝色的 Cu-EDTA 的存在,所以终点呈紫色。滴定过程中的主要反应如下:

$$Al^{3+} + H_2Y^{2-} \longrightarrow AlY^- \,(无色) + 2H^+$$

$$H_2Y^{2-} + Cu^{2+} \longrightarrow CuY^{2-} \,(蓝色) + 2H^+$$

$$Cu^{2+} + PAN(黄色) \longrightarrow Cu-PAN(深红色)$$

这里需要注意的是,溶液中存在三种有色物质,而它们的含量又在不断变化之中,因此溶液的颜色特别是终点时颜色的变化就较复杂,决定于 Cu-EDTA、PAN 和 Cu-PAN 的相对含量和浓度。滴定终点是否敏锐的关键是蓝色的 Cu-EDTA 浓度的大小,终点时 Cu-EDTA 的量等于加入的过量的 EDTA 的量。一般来说,在 100 mL 溶液中加入的 EDTA 标准溶液(浓度为 0.015 mol·L^{-1}),以过量 10 mL 左右为宜。

5. 钙、镁的测定

用 EDTA 配位法测定。在 pH ≥ 12 的溶液中加入钙指示剂,溶液呈酒红色,用 EDTA 标准溶液滴定时,EDTA 能与钙离子形成稳定的配离子,溶液由酒红色变为纯蓝色,而钙指示剂则被游离出来,从而指示滴定终点;在 pH ≥ 10 的溶液中,以酸性铬蓝 K-萘酚绿 B（K-B）为指示剂,溶液呈棕红色,用 EDTA 标准溶液滴定钙镁离子的总量。

以上各离子的测定在滤液多余的情况下尽可能平行三次,求其平均值。

三、实验仪器和试剂

1. 仪器

恒温水浴、电炉、马弗炉、烧杯,表面皿,定量滤纸(中速),容量瓶,坩埚,干燥器,滴定管,移液管。

2. 试剂

浓盐酸,1:1 盐酸溶液,3:97 盐酸溶液,浓硝酸,1:1 氨水溶液,10% NaOH 溶液,NH$_4$Cl(固体),10% NH$_4$SCN 溶液,1:1 三乙醇胺溶液,0.015 mol·L^{-1} EDTA 标准溶液(参见实验 12),0.015 mol·L^{-1} CuSO$_4$ 标准溶液,HAc-NaAc 缓冲溶液(pH=4.3),NH$_3$·H$_2$O-NH$_4$Cl 缓冲溶液(pH=10),0.05% 溴甲酚绿指示剂,10% 磺基水杨酸指示剂,0.2% PAN 指示剂,酸性铬蓝 K-萘酚绿 B(固体),钙指示剂(固体),水泥熟料。

四、实验内容

1. SiO$_2$ 的测定

准确称取试样 0.5 g 左右,置于干燥的 50 mL 烧杯(或 100~150 mL 蒸发皿)中,加 2 g 固体氯化铵,用平头玻璃棒混合均匀。盖上表面皿,沿杯口滴加 3 mL 浓盐酸和 1 滴浓硝酸,仔细搅匀,使试样充分分解。将烧杯置于沸水浴上,盖上表面皿,蒸发至近干(约 10~15 min)取下,加 10 mL 热的 3:97 稀盐酸,搅拌,使可溶性盐类溶解,以中速定量滤纸过滤,以热的 3:97 稀盐酸洗涤玻璃棒及烧杯,并洗涤沉淀至洗涤液中不含 Fe^{3+} 为止。Fe^{3+} 可用 NH$_4$SCN 溶液检验,一般来说,洗涤 10 次即可达不含 Fe^{3+} 的要求。滤液及洗涤液定量转移至 250 mL 容量瓶中,并用水稀释至刻度,摇匀,供测定 Fe^{3+}、Al^{3+}、Mg^{2+}、Ca^{2+} 等离子用。

将沉淀和滤纸移至已称至恒重的瓷坩埚中(实验前应将瓷坩埚放入马弗炉中灼烧至恒重),先在电炉上低温烘干,再升高温度使滤纸充分灰化。然后在 950~1 000℃的马弗炉内灼烧 30 min。取出,稍冷,再移置于干燥器中冷却至室温(约需 15~40 min),称量。如此反复灼烧,直至恒重。

2. Fe^{3+} 的测定

准确吸取分离 SiO_2 后的滤液 50 mL,置于 400 mL 烧杯中,加 2 滴 0.05% 溴甲酚绿指示剂,溶液呈黄色,逐滴加 5～6 滴 1∶1 氨水,使之成绿色。然后再用 1∶1 盐酸溶液调节溶液酸度至黄色后再过量 3 滴,此时溶液酸度 pH 约为 2。加热至 70℃,取下,加 6～8 滴 10% 磺基水杨酸,以 0.015 mol·L^{-1} EDTA 标准溶液滴定。滴定开始时溶液呈红紫色,此时滴定速度宜稍快些。当溶液开始呈淡红紫色,滴定速度放慢[1],边加边摇,滴定颜色由深红色→棕黄色→亮黄色,即为终点。

3. Al^{3+} 的测定

在滴定铁后的溶液中,加入 0.015 mol·L^{-1} EDTA 标准溶液约 20 mL,记下数据,摇匀。然后用水稀释至 200 mL,再加入 15 mL pH 为 4.3 的 HAc-NaAc 缓冲溶液,以精密 pH 试纸检查。煮沸 1～2 min,取下,冷至 90℃ 左右,加入 4 滴 0.2% PAN 指示剂,以 0.015 mol·L^{-1} $CuSO_4$ 标准溶液滴定。开始溶液呈黄色,随着 $CuSO_4$ 的加入,颜色逐渐变黄绿色,直至再加入 1 滴突然变紫色[2],即为终点。

4. Ca^{2+} 的测定

准确吸取分离 SiO_2 后的滤液 10 mL,置于 250 mL 锥形瓶中,加水稀释至约 50 mL,加 4 mL 1∶1 三乙醇胺溶液,摇匀后再加 5 mL 10% NaOH 溶液,再摇匀,加少量固体钙指示剂,此时溶液呈酒红色。然后以 0.015 mol·L^{-1} EDTA 标准溶液滴定至溶液呈纯蓝色,即为终点。

5. Mg^{2+} 的测定

准确吸取分离 SiO_2 后的滤液 10 mL 于 250 mL 锥形瓶中,加水稀释至 50 mL,加 4 mL 1∶1 三乙醇胺溶液,摇匀后加入 5 mL pH=10 $NH_3·H_2O-NH_4Cl$ 缓冲溶液,再摇匀,然后加入适量酸性铬蓝 K-萘酚绿 B 指示剂,溶液呈棕红色,稍加热,以 0.015 mol·L^{-1} EDTA 标准溶液滴至纯蓝色,即为终点,根据此结果计算所得的为钙、镁总量,减去钙量即为镁的含量。

【注释】

[1] 滴得太快,EDTA 易多加,这样不仅会使 Fe^{3+} 的结果偏高,同时还会使 Al^{3+} 的结果偏低。

[2] 在变紫色之前,曾有由蓝绿色变灰绿色的过程,在灰绿色溶液中再加 1 滴 $CuSO_4$ 溶液,即变紫色。

五、思考题

(1) 测定 SiO_2 时,试样分解后为什么要加热蒸发? 操作时应注意什么?

(2) 在测定 Fe^{3+}、Al^{3+} 时,为什么要控制一定的温度范围?

(3) 为什么在测定 Al^{3+} 时,要先加 EDTA 后,再加入 pH 为 4.3 的缓冲溶液?

(4) 测定 Ca^{2+}、Mg^{2+} 总量时,如溶液的 pH>10,对测定结果有何影响?

实验 44　测定食用小苏打的百分含量和食用白醋的浓度

一、实验目的

(1) 熟练掌握酸碱中和滴定的操作步骤。

(2) 掌握指示剂的选择方法和变色原理。

二、实验原理

根据指示剂酸碱形态的颜色不同来判别酸碱中和反应的进程,当溶液的颜色突变时,则此时为滴定终点。

指示剂的酸碱形体之间的转换:

$$HIn(酸式形体) \rightleftharpoons H^+ + In^-(碱式形体)$$

指示剂的选择:

通过查找相关文献发现,指示剂的选择首先以终点突变为依据。指示剂的变色范围处于滴定突变范围内或变色范围有一部分处于滴定突变范围内,就属于可选之列。指示剂的变色范围越小,终点误差越小。为了减少误差,使测量结果更准确,指示剂的选择还要注意颜色的变化情况。从生物学角度分析,人眼感受不同波段的颜色的灵敏度不同,对颜色变化的分辨率也不同。在相同亮度背景下,人眼对颜色由浅到深变化的分辨率更强。在选择指示剂时,在可选之列中选择颜色变化分辨率高、易于观察的指示剂,可以使误差更小。基于颜色分辨率规则,酸碱中和滴定不选用石蕊为指示剂,变色范围较大只是原因之一,另一主要原因是颜色变化不易观察分辨。

在常量滴定中,若强碱滴定强酸,用甲基橙作指示剂,滴定终点的颜色由橙色变为黄色(pH=4.4),不易分辨,实验终点的判定容易出现偏差,使误差变大;若强酸滴定强碱,滴定终点的颜色变化由较浅的黄色变为较深的橙色,颜色变化明显。因此,一般情况下,强酸滴定强碱时,选用甲基橙作指示剂;强碱滴定强酸时,选用酚酞作指示剂,效果更好。

在化学领域,酸碱指示剂不同,变色范围也不同,遇到酸、碱会呈现出不同的状态。百里酚蓝的 pH 变色范围为 1.2~2.8,遇酸变红,遇碱变黄;甲基黄的 pH 变色范围为 2.9~4.0 遇酸变红,遇碱变黄;甲基橙的 pH 变色范围为 3.1~4.4,遇酸变红,遇碱变黄;甲基红的 pH 变色范围为 4.4~6.2,遇酸变红,遇碱变黄;酚酞的 pH 变色范围为 8.0~10.0,遇酸无颜色变化,遇碱变红;百里酚酞的 pH 变色范围为 9.4~10.6,遇酸无颜色变化,遇碱变蓝。指示剂的理论变色范围为 pH=pK_a(HIn)±1,但是在实际的操作与实验中,却与理论变色范围存在误差。

开展酸碱滴定实验,必须要选择合适的指示剂,通常来讲,指示剂变色的范围愈窄愈好。若 pH 稍微发生变化,指示剂的颜色就会被改变,指示终点就更加精确。因此,在一些化学反应中,会使用混合指示剂,例如凯氏定氮实验中,使用溴甲酚绿和甲基红混合指示剂,此时,变色的范围变窄,变色更为灵敏,进而使滴定终点变得更加精准。

三、实验仪器和试剂

1. 仪器

酸式滴定管、碱式滴定管、锥形瓶、移液管、电子天平、pH 玻璃电极、磁力搅拌器(含磁子)。

2. 试剂

食用白醋、食用小苏打、0.100 0 mol/L 的盐酸溶液、酚酞。

四、实验内容

1. 直接滴定法(方法一)

(1) 准确称取 3 份一定质量的食用小苏打于 250 mL 的锥形瓶中,加 25 mL 的蒸馏水使之全部溶解,然后加入几滴酚酞溶液,用 0.100 0 mol/L 的盐酸溶液来滴定小苏打,直至溶液的颜色恰好褪去,且 30 s 内不变色,则滴定终止,平行测定三次,要求三次的相对平均偏差小于 0.2%,否则应重做。

(2) 准确称取 3 份一定质量的食用小苏打于 250 mL 的锥形瓶中,加 25 mL 的蒸馏水使之全部溶解,然后加入几滴酚酞溶液,用未知浓度的白醋来滴定小苏打,直至溶液的颜色恰好褪去,且 30 s 内不变色,则滴定终止,再重复两次,要求三次的相对平均偏差小于 0.2%,否则应重做。

(3) 数据处理。

表 3-1　直接滴定法测定食用小苏打的百分含量

序号 ＼ 项目	1	2	3
$m_{称取量}$/g			
$c_{盐酸}$/(mol·L^{-1})			
$V_{消耗盐酸}$/mL			
$m_{实际量}$/g			
百分含量/%			
平均百分含量/%			
相对平均偏差/%			

表 3-2　直接滴定法测定食用白醋的浓度

序号 ＼ 项目	1	2	3
$m_{称取量}$/g			
$V_{消耗白醋}$/mL			
$c_{白醋}$/(mol·L^{-1})			
$\bar{c}_{白醋}$/(mol·L^{-1})			
相对平均偏差/%			

2. 电位滴定法(方法二)

(1) 将 pH 玻璃电极活化,搭好电位滴定法所需的仪器。

(2) 准确称取一定质量的食用小苏打溶解并定溶于 250 mL 的容量瓶中,然后用移液管准确移取 4 份 25.00 mL 的溶液,其中第一份粗测,在溶液中加入一颗磁子,并打开磁力搅拌器,用已知准确浓度的 HCl 溶液,进行滴定,每滴 1 mL 记录一下 pH,然后找出 pH 突变的范围,然后进行准确滴定,在 pH 进入突跃范围之前,可以每次滴定 0.5 mL 记录数据,然后接近突跃范围时,每次滴定 0.05 mL 并记录数据,然后重复三次,数据需利用 Origin 软件作 pH - V 图,找出突跃点,然后计算小苏打的百分含量,要求三次的相对平均偏差小于0.2%,否则重新滴定。

　　(3)准确移取 4 份(2)中配制的小苏打溶液 25.00 mL,其中第一份粗测,在溶液中加入一颗磁子,并打开磁力搅拌器,用未知浓度的白醋溶液,进行滴定,每滴 1 mL 记录一下 pH,然后找出 pH 突变的范围,然后进行准确滴定,在 pH 进入突跃范围之前,可以每次滴定0.5 mL 记录数据,然后接近突跃范围时,每次滴定 0.05 mL 并记录数据,然后重复三次,数据需利用 Origin 软件作 pH - V 图,找出突跃点,然后计算白醋的浓度,要求三次的相对平均偏差小于 0.2%,否则重新滴定。

　　(4)数据处理

表 3 - 3　电位滴定法测定食用小苏打的百分含量

$m_{称取量}$/g																
$c_{盐酸的浓度}$/(mol · L^{-1})																
$V_{消耗盐酸}$/mL																
pH																
序号　　　　项目	1					2					3					
pH$_{突跃}$																
百分含量/%																
平均百分含量/%																
相对平均偏差/%																

表 3 - 4　电位滴定法测定食用白醋的浓度

$c_{小苏打}$/(mol · L^{-1})																
$V_{消耗白醋}$/mL																
pH																
序号　　　　项目	1					2					3					
pH$_{突跃}$																
$c_{白醋}$/(mol · L^{-1})																
$\bar{c}_{白醋}$/(mol · L^{-1})																
相对平均偏差/%																

第四章　外文实验

Experiment 1　Acid-Base Titration

INTRODUCTION

This experiment will introduce you to the analytical method of volumetric titration. Volumetric titration is one of the two important classical or wet analytical methods, the other being gravimetric analysis.

In titration, a solution of known concentration, called a standard solution, is added to a solution of unknown concentration until the amount of reagent prescribed by the stoichiometric relationship between reactants is furnished. The process of determining the concentration of a solution is called standardization.

In this experiment you will use the neutralization reaction of potassium hydrogen phthalate, $KHC_8H_4O_4$ (abbreviated as KHP) by sodium hydroxide to accurately determine the concentration of NaOH solution, using phenolphthalein solution as indicator. Phenolphthalein is colorless in acidic solutions and pink in basic solutions. Then, with our standardized NaOH solution, we can both determine the purity of an impure sample of KHP.

REAGENTS AND EQUIPMENT

Reagents: potassium hydrogen phthalate (analytical grade); sodium hydroxide solution(0.1 mol · L^{-1}); phenolphthalein solution (0.1% in ethanol).

Equipments: Buret; Erlenmeyer flasks; Weighing bottle for drying KHP; Analytical balance; Pipet.

EXPERIMENTAL PROCEDURE

1. Preparation of 0.1 mol · L^{-1} Sodium Hydroxide(NaOH)

In a clean 500 mL plastic bottle place approximately 500 mL of either distilled or deionized water. To this solution add sufficient volume of 50% w/w sodium hydroxide solution ($d=1.52$ g • mL^{-1}) to produce an approximately 0.1 mol • L^{-1} solution. Cap, mix thoroughly, and label with your name, date and description of contents.

2. Standardization of the 0.1 mol • L^{-1} Sodium Hydroxide(NaOH) Solution

Weigh approximately but accurately about 0.4 to 0.5 g of the KHP (oven-dried at 110℃ for 1—2hr) into each of three clean conical flasks. Add approximately 30 mL of deionized or distilled water to each flask and swirl the flask to dissolve the KHP. Add two drops of phenolphthalein indicator to each flask. Rinse and fill a buret with the sodium hydroxide solution. Record the buret reading then titrate the solution in the first flask to the first permanent pink color. Record the final buret reading. Repeat the titration with the other two samples. Calculate a molarity for the sodium hydroxide solution from the data obtained in each titration. Average these values. If the relative average deviation is> 5 ppt, consult with your instructor for further directions.

3. Determination of Purity of KHP

Accurately (to 0.1 mg) weigh out 1.7 g of the impure sample of KHP into a small plastic weighing boat. It does not have to be the exact amount calculated, but should be reasonably near. Transfer the KHP quantitatively into a 100 mL volumetric flask. Rinse the last traces from the boat and the neck of the volumetric flask with a squirt bottle. Add about 50 mL of deionized water, swirl to dissolve completely, carefully dilute to volume, and mixthoroughly.

Pipet 25 mL of the pure sample of KHP solution into a 250 mL Erlenmeyer flask. Add 2 drops of phenolphthalein indicator, and repeat steps 2 for the impure KHP samples.

SAFETY PRECAUTION

Students should be calculated the concentration of sodium hydroxide used in each Titration, the average sodium hydroxide concentration and the standard deviation of the results. Use the mass of impure KHP added to each flask and the volume of the NaOH solution to calculate the purity of the impure sample of KHP. Again, calculate the standard deviation of the results.

Notes

1. Solutions thathave been titrated and the contents of your "waste beaker" can simply be poured down the drain, as long as the pH is not greater than 9. Any other solutions with pH>9 must be disposed of in the proper Hazardous Waste Bottle for this experiment.

2. It is probably wise to retain the now-standardized NaOH solution. But Remember, that NaOH solutions can "go bad" and lose their titer with time owing to the absorption of atmospheric CO_2. You may need to check or re-standardize your NaOH solution.

REFERENCE

1. "Fundamentals of Analytical Chemistry" 7th edition by Skoog, West and Holler,

Saunders Publ. , 1996.

2. D. A. Skoog, D. M. West, F. J. Holler and S. R. Crouch, Analytical Chemistry: An Introduction, 7thed. Chapters 12 and 13.

3. G. D. Christian, Analytical Chemistry, 5th Edition, John Wiley & Sons, New York, Chapter 7.

Experiment 2　Direct Titration of Tris with HCl

INTRODUCTION

Acid-base titration is an analytical method based on the proton transfer between acid and base. The analyte can be directly titrated by the standard solution (titrating solution) if the reaction meets the titration requirements. Acid-base titration plays a significant role in industry, agriculture, medicine andhealth. This experiment employs hydrochloric acid standard solution to determine the content of a biochemical reagent, tris [hydroxymethyl] aminomethan by direct titration.

REAGENTS AND EQUIPMENTS

Reagents: HCl (37%, w/w, AR); Na_2CO_3 (AR); methyl red indicator; Tris [hydroxymethyl] aminomethane(sample).

Equipments: Volumtericr flask; Volumetric pipet; Erlenmeyer flask; Analytical balance; Titrator.

EXPERIMENTAL PROCEDURE

1. Preparation of Standard HCl
Prepare and standardize 0. 1 mol · L^{-1} HCl(reference Experiment 1).

2. Preparation of Unknown Tris Base
Obtain a sample of Tris (Tris [hydroxymethyl] aminomethane, $NH_2C(CH_2OH)_3$, M_w=121. 14). This sample will be about 2 grams. Transfer this unknown to a 250 mL volumteric, fill to the mark with water and mix throughly.

3. Determination of Unknown
Use your 50 mL volumetric pipet to transfer an aliquot of your unknown base to a 250 mL Erlenmeyer flask. Add 3 drops of methyl red indicator (the solution should be slightly yellow). Titrate with standard HCl until you see a slightly pink or red endpoint.

NOTE DATA AND PROCESS

I. Standardization

Item \ Times	I	II	III
Mass Na_2CO_3/g			
Volume of HCl to equivalence point/mL			
Molarity of HCl/mol·L^{-1}			
Average Molarity HCl/mol·L^{-1}			
Relative standard deviation of Molarity			

II. Tris Titration

Item \ Times	I	II	III
Volume of HCl/mL			
Moles of HCl to equivalence point/moL			
Average moles of HCl/mol			
Relative standard deviation of moles			

QUESTIONS

1. Using the results of part II calculate the grams of Tris in your sample.

2. Using the relative uncertainties of your results in I and II, what is the relative uncertainty in your answer for question 1.

3. Considering the uncertainties in all weight and volume measurements, what is the expected uncertainty for your HCl molarity in I?

4. Considering the uncertainties in all weight and volumes measurements, what is the expected uncertainty for your Tris molarity in II?

5. Considering the uncertainties in all weight and volume measurements, what is the expected uncertainty for your grams of Tris in question 1?

6. How does your experimental uncertainty in grams of Tris(Question 2) compare to your theoretical uncertainty(Question 5)?

SAFETY PRECAUTION

The hydrochloric acid used in the experiment is volatile. The contact with its vapor or mist can cause poisoning symptoms such as tracheitis, eye conjunctivitis and burning of nasal and oral mucous membranes. Keep ventilation in use.

REFERENCE

Experimental analytical chemistry lab manual, Black Hills State University, USA, 2006.

Experiment 3 EDTA Titration of Ca^{2+} and Mg^{2+} in Natural Waters

INTRODUCTION

Hardness refers to the total concentration of alkaline earth ions in water. Because the concentrations of Ca^{2+} and Mg^{2+} are usually much greater than the concentrations of other alkaline earth ions, hardness is commonly expressed as the equivalent number of milligrams of $CaCO_3$ per liter. Thus, if $[Ca^{2+}]+[Mg^{2+}]=1$ mmol, we would say that thehardness is 100 mg $CaCO_3$ per liter. Water whose hardness is less than 60 mg $CaCO_3$ per liter is considered to be "soft". If thehardness is above 270 mg $\cdot$ L^{-1}, the water is considered to be "hard". Individual hardness refers to the individual concentration of each alkaline earth ion. To measure totalhardness, the sample is treated with ascorbic acid(or hydroxylamine) to reduce Fe^{3+} to Fe^{2+} and with cyanide to mask Fe^{2+}, Cu^+, and several other minor metal ions. Titration with EDTA at pH 10 in ammonia buffer then gives the total concentrations of Ca^{2+} and Mg^{2+}. The concentration of Ca^{2+} can be determined separately if the titration is carried out at pH 13 without ammonia. At this pH, $Mg(OH)_2$ precipitates and is inaccessible to the EDTA. Interferences by many metal ions can be reduced by the right choice of indicators.

Insoluble carbonates are converted to soluble bicarbonates by excess carbon dioxide:

$$CaCO_3(s) + CO_2 + H_2O \longrightarrow Ca(HCO_3)_2 \qquad (1)$$

Heating converts bicarbonate to carbonate (driving off CO_2) and causes $CaCO_3$ to precipitate. The reverse of Reaction A forms a solid scale that clogs boiler pipes. The fraction of hardness due to $Ca(HCO_3)_2(aq)$ is called temporary hardness because this calcium is lost (by precipitation of $CaCO_3$) uponheating. Hardness arising from other salts (mainly dissolved $CaSO_4$) is called permanent hardness, because it is not removed byheating.

In this experiment, we will find the total concentration of metal ions that can react with EDTA, and we will assume that this equals the concentration of Ca^{2+} and Mg^{2+}. In a second experiment, Ca^{2+} is analyzed separately by precipitating $Mg(OH)_2$ with strong base.

REAGENTS AND EQUIPMENTS

Reagents: Buffer (pH 10): Add 142 mL of 28 wt % aqueous NH_3 to 17.5 g of NH_4Cl and dilute to 250 mL with water. Eriochrome black T indicator: Dissolve 0.2 g of the solid indicator in 15 mL of triethanolamine plus 5 mL of absolute ethanol.

Equipments: Analytical balance; Titrator; Volumetric flask; Pipet; Erlenmeyer flask.

EXPERIMENTAL PROCEDURE

1. Dry $Na_2H_2EDTA \cdot 2H_2O(M=372.25)$ at 80℃ for 1 h and cool in the desiccator. Accurately weigh out~0.6 g and dissolve it withheating in 400 mL of water in a 500 mL volumetric flask. Cool to room temperature, dilute to the mark, and mix well.

2. Pipet a sample of unknown into a 250 mL flask. A 1.00 mL sample of seawater or a 50.00 mL sample of tap water is usually reasonable. If you use 1.00 mL of seawater, add 50 mL of distilled water. To each sample, add 3 mL of pH 10 buffer and 6 drops of Eriochrome black T indicator. Titrate with EDTA from a 50 mL buret and note when the color changes from wine red to blue. Note the volume of EDTA (V_1). You may need to practice finding the end point several times by adding a little tap water and titrating with more EDTA. Save a solution at the end point to use as a color comparison for other titrations.

3. Repeat the titration with three samples to find an accurate value of the total Ca^{2+} + Mg^{2+} concentration. Perform a blank titration with 50 mL of distilled water and subtract the value of the blank from each result.

4. For the determination of Ca^{2+}, pipet four samples of unknown into clean flasks (adding 50 mL of distilled water if you use 1.00 mL of seawater). Add 30 drops of 50 wt %NaOH to each solution and swirl for 2 min to precipitate $Mg(OH)_2$ (which may not be visible). Add~0.1 g of solid hydroxynaphthol blue to each flask. (This indicator is used because it remains blue athigher pH than does Eriochrome black T.) Titrate one sample rapidly to find the end point; practice finding it several times, if necessary. Note the volume of EDTA (V_2).

5. Titrate the other three samples carefully. After reaching the blue end point, allow each sample to sit for 5 min with occasional swirling so that any $Ca(OH)_2$ precipitate may redissolve. Then titrate back to the blue end point. (Repeating this procedure if the blue color turns to red upon standing). Perform a blank titration with 50 mL of distilled water.

6. Calculate the total concentration of Ca^{2+} and Mg^{2+}, as well as the individual concentrations of each ion. Calculate the relative standard deviation of replicate titrations.

NOTE DATA AND PROCESS

item \ times	I	II	III
V_1(mL)			
The total concentration of Ca^{2+} and Mg^{2+} (mg · L^{-1})			
Average concentration of Ca^{2+} and Mg^{2+} (mg · L^{-1})			
Relatively average deviation(%)			

（续表）

item \ times	I	II	III
V_2(mL)			
The concentration of Ca^{2+} (mg $\cdot$ L^{-1})			
Average concentration of Ca^{2+} (mg $\cdot$ L^{-1})			
Relatively average deviation(%)			
The concentration of Mg^{2+} (mg $\cdot$ L^{-1})			
Average concentration of Mg^{2+} (mg $\cdot$ L^{-1})			
Relatively average deviation(%)			

QUESTIONS

1. What is total hardness of water?
2. How to count total hardness of water?

SAFETY PRECAUTION

Students should take care of the sodium hydroxide and ammonia.

REFERENCE

Daniel C. Harris. Quantitative Chemical Analysis, W. H. Freeman and Company, New York. 1998, fifth edition.

Experiment 4　Iodimetric Titration of Vitamin C

INTRODUCTION

Ascorbic acid (vitamin C) is a mild reducing agent that reacts rapidly with triiodide. In this experiment, we will generate a known excess of I_2 by the reaction of iodate with iodide, reaction as following:

$$IO_3^- + 5I^- + 6H^+ = 3I_2 + 3H_2O$$

allow the reaction with ascorbic acid to proceed:

$$C_6H_8O_6 + I_2 = C_6H_6O_6 + 2HI$$

and then back titrate the excess I_2 with thiosulfate (starch as an indicator), reaction as following:

$$I_2 + 2S_2O_3^{2-} = 2I^- + S_4O_6^{2-}$$

REAGENTS AND EQUIPMENTS

Reagents: $Na_2S_2O_3 \cdot 5H_2O$ (analytically pure); Na_2CO_3 (analytically pure); 0.01 mol $\cdot$ L^{-1} KIO_3; solid KI (analytically pure); 10 g $\cdot$ L^{-1} starch; HgI_2; 0.5 mol $\cdot$ L^{-1} H_2SO_4.

Equipments: Analytical balance; Titrator; Volumetric flask; Pipet; Erlenmeyer flask.

EXPERIMENTAL PROCEDURE

1. Preparation and Standardization of Thiosulfate Solution

a. Prepare starch indicator by making a paste of 5 g of soluble starch and 5 mg of HgI_2 in 50 mL of water. Pour the paste into 500 mL of boiling water and boil until it is clear.

b. Prepare 0.07 mol $\cdot$ L^{-1} $Na_2S_2O_3$ by dissolving about 8.7 g of $Na_2S_2O_3 \cdot 5H_2O$ in 500 mL of freshly boiled water containing 0.05 g of Na_2CO_3. Store this solution in a tightly capped amber bottle. Prepare about 0.01 mol $\cdot$ L^{-1} KIO_3 by accurately weighing about 1 g of solid reagent and dissolving it in a 500 mL volumetric flask. From the mass of KIO_3 (FM 214.00), compute the molarity of the solution.

c. Standardize the thiosulfate solution as follows: Pipet 50.00 mL of KIO_3 solution into a flask. Add 2 g of solid KI and 10 mL of 0.5 mol $\cdot$ L^{-1} H_2SO_4. Immediately titrate with thiosulfate until the solutionhas lost almost all its color(pale yellow). Then add 2 mL of starch indicator and complete the titration. Repeat the titration with two additional 50.00 mL volumes of KIO_3 solution. From the stoichiometries of Reactions, compute the average molarity of thiosulfate and the relative standard deviation(RSD).

2. Analysis of Vitamin C

Commercial vitamin C containing 100mg per tablet can be used. Perform the following analysis three times, and find the mean value (and RSD) for the number of milligrams of vitamin C per tablet.

a. Dissolve two tablets in 60 mL of 0.5 mol $\cdot$ L^{-1} H_2SO_4, using a glass rod to help break the solid. (Some solid binding material will not dissolve.)

b. Add 2 g of solid KI and 50.00 mL of standard KIO_3. Then titrate with standard thiosulfate as above. Add 2 mL of starch indicator just before the end point.

SAFETY PRECAUTION

The sulfuric acid should be considered hazardous.

Notes: Starch will be decomposed quickly by microbes, so the starch indicator should be prepared freshly and added some HgI_2 as antiseptic.

Experiment 5　A Redox Titration Lab

INTRODUCTION

All too often, beginning chemistry students learn to balance redox equations by some elaborate scheme such as the half-reaction method but fail to realize the significance of what they are doing. This, we believe, is because they rarely, if ever, apply these balanced equations in a real-life situation. In this experiment the student must first balance a redox equation and then use this equation in the analysis of commercial oxygen(as contrasted with conventional chlorine) bleach. The bleaching agent in the oxygen bleach is H_2O_2.

The unbalanced equation for the titration reaction used for the analysis is

$$H^+ (aq) + H_2O_2 (aq) + MnO_4^- (aq) \longrightarrow O_2 (g) + Mn^{2+} (aq) + H_2O(l) \qquad (1)$$

Balancing this equation by thehalf-reaction method can lead to a unique problem if the student is told that there might be two possible sources of oxygen (H_2O_2 (aq) or MnO_4^- (aq)). If one assumes that the source of O_2 (g) is the H_2O_2 (aq), then the balanced equation has a ratio of 2. 5 : 1 for H_2O_2 (aq): MnO_4^- (aq). If, on the other hand, one assumes the O_2 (g) results from the MnO_4^- (aq), one obtains another balanced equation in which the ratio is 1. 5 : 1.

After balancing these two possible equations, the students are asked to resolve the problem by titrating a H_2O_2 (aq) solution of known concentration with a standard solution ($1. 00 \times 10^{-2}$ mol $\cdot$ L^{-1}) of $KMnO_4$. The source of H_2O_2 (aq) is solid $NaBO_3 \cdot 4H_2O$, which they can weigh out accurately. When placed in acidic aqueous solution, $NaBO_3 \cdot 4H_2O$ quickly forms H_2O_2 via the reaction:

$$2H_2O(l) + BO_3^- (aq) \longrightarrow H_2O_2 (aq) + H_2 BO_3^- (aq) \qquad (2)$$

Titrating the H_2O_2 released with standard $KMnO_4$ yields a mole ratio of H_2O_2 to MnO_4^-, establishing the correct source of O_2 and the correct equation to be used in the bleach analysis.

Now the students can analyze a bleach sample by titrating it with the same standard $KMnO_4$. From the volume of $KMnO_4$, its concentration, and the correctly balanced redox equation, they can determine the mass percent of H_2O_2 in the bleach.

REAGENTS AND EQUIPMENTS

Reagents: $NaBO_3 \cdot 4H_2O(s)$ (analytically pure); $KMnO_4$ (0. 01 mol $\cdot$ L^{-1}); H_2O_2 (4%, w/w); H_2SO_4 (0. 1 mol $\cdot$ L^{-1}, 1. 0 mol $\cdot$ L^{-1}); the commercial bleach(contains 4. 0% H_2O_2, w/w).

Equipments: Volumetric flask; Erlenmeyer flask; Analytical balance; Titrator.

EXPERIMENTAL PROCEDURE

Students weigh out 1 g of $NaBO_3 \cdot 4H_2O$ on the analytical balance and add it (using a funnel) to a 100 mL volumetric flask. Next, they add 20 mL of $1.00 \text{ mol} \cdot L^{-1} H_2SO_4$ solution and dilute to the mark with distilled water. They then titrate 10mL pipette samples with $1.00 \times 10^{-2} \text{ mol} \cdot L^{-1} KMnO_4$ solution (provided) until the first permanent pale pink; the intensely colored MnO_4^- ion serves as its own indicator.

The commercial oxygen bleach we used was purchased in our local market. This bleach contains $4.0\% H_2O_2$ by mass. Students dilute the liquid bleach 10-fold in a 100 mL volumetric flask and titrate 10 mL of this diluted sample in a 250 mL Erlenmeyer flask containing 20 mL of $1.00 \text{ mol} \cdot L^{-1} H_2SO_4$. After titrating, all solutions may be neutralized and disposed of by pouring them down the drain.

SAFETY PRECAUTION

Students should be cautioned that the bleach solution (H_2O_2 specifically), potassium permanganate, and sulfuric acid should be considered hazardous.

Notes

1. Solid oxygen bleaches proved unsatisfactory because they contain low peroxide concentrations and large quantities of soap(which did not dissolve completely).

2. In retrospect, some students may look at the equation in which the source of O_2 was MnO_4^- and see that this process involves both oxidation and reduction in the same half—reaction, which is unlikely.

Experiment 6   Gravimetric Determination of Iron as Fe_2O_3

INTRODUCTION

The objective of this experiment will be to analyze the amount of iron in an unknown sample via precipitation of hydrated iron oxide from a basic solution. Through solidifying the iron oxide, determination of the amount of iron in the unknown analyte through gravimetric means will be available through calculation.

$$Fe^{3+} + 3H_2O \xrightarrow{\text{base}} FeOOH \cdot H_2O(s) + 3H^+$$

$$2FeOOH \cdot H_2O(S) \xrightarrow{900℃} Fe_2O_3 + 3H_2O$$

REAGENTS AND EQUIPMENTS

Reagents: $HCl(3 \text{ mol} \cdot L^{-1})$; $HNO_3(6 \text{ mol} \cdot L^{-1})$; $NH_3 \cdot H_2O(3 \text{ mol} \cdot L^{-1})$; NH_4NO_3

(1%); pH test paper.

Equipments: Analytical balance; Volumetric flask; Electric cooker; Filter paper; crucible; Furnace.

EXPERIMENTAL PROCEDURE

The first step of this lab was to heat three crucibles up three different times to determine a constant mass. Unknown samples were then massed out in order to yield 0.03 g of product. Each of these samples was dissolved in 3 mol $\cdot$ L^{-1} HCl, then 5 mL of 6 mol $\cdot$ L^{-1} HNO$_3$ was added and the solution was set to boil for 2minutes. The solution was then diluted to 200 mL. The solution then needed to be made basic which was done by adding 3 mol $\cdot$ L^{-1} ammonia and testing it with pH strips. Once basic the solution was boiled for another 5minutes. The solution was then filtered and washed with 1% NH$_4$NO$_3$ to ensure there was no Cl left in the solution. The solid was then set to dry for 24hrs. Once dry the sample was placed in one of the crucibles from the beginning of the lab and was placed in a furnace and massed after heating then placed back in the furnace and massed again to determine a constant mass.

SAFETY PRECAUTION

Students should take care of the nitric acid, hydrochloric acid, and the furnace and electric cooker should also be considered hazardous.

Notes

1. The crucibles should be completely dried and the mass of the dry crucibles should be constant.

2. The single most significant source of error in this lab was the use of the 3 mol $\cdot$ L^{-1} ammonia to make the solution basic because the more or less basic a solution determines the amount of product that will be recovered.

3. Students should be proficient in all of the gravimetric operation processes.

REFERENCES

1. Gravimetric analysis, From Wikipedia, the free encyclopedia, 网址: http://en. wikipedia. org/wiki/Gravimetric_analysis

2. An Experiment Considering the Gravimetric Determination of Fe$_2$O$_3$, Quantitative Analytical Chemistry (CHM336/337), 网址: http://students. ycp. edu

Experiment 7   Determination of Quinine and Sodium Benzoate in Tonic Water by UV Absorbance Spectroscopy

INTRODUCTION

Quinine, whose structure is shown in Fig. 4 - 1, is a natural product that is isolated from the bark of the cinchoa tree.

Tonic water alsohas citric acid to give it some acidity, sugers to improve taste, and sodium benzoate, whose structure is shown in Fig. 4 - 1, which acts as an antibacterial preservative. Because of its phenyl ring, benzoate also absorbs in the UV spectral rang that we will explore. You will also determine how much sodium benzoate is in your tonic water samples.

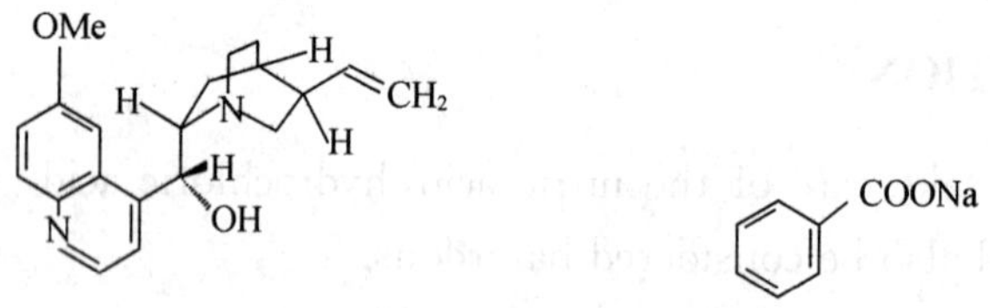

Fig. 4 - 1   Chemical structure of quinine(1) and sodium benzoate(2)

REAGENTS AND EQUIPMENTS

Reagents: quinine standard; sodium benzoate standard; tonic water; $NaOH(1 \text{ mol} \cdot L^{-1})$; $H_2SO_4(1 \text{ mol} \cdot L^{-1})$.

Equipments: Volumetric flask; Pipe; two 1 cm cells; UV spectrophotometer.

EXPERIMENTAL PROCEDURE

1. Accurately weigh some amount of sodium benzoate standard, dilute certain folds until its maximum absorption (λ_{max}) is appropriate.

2. Accurately weigh some amount of quinine standard, dilute certain folds until its maximum absorption (λ_{max}) is appropriate. Decide what two wavelengths to use to determine quinine λ_{Qmax} and benzoate λ_{Bmax} in tonic water?

3. Prepare a series of standard solutions for quinine and for sodium benzoate. Decide on a range of concentrations for each set of 5 standards, and show what absorbance you predict these standards tohave on our instrument. Measure the absorbance of each standard at the appropriate wavelengths λ_{Qmax} and λ_{Bmax}. Generate a predicted calibration curve for each.

Make sure the axes are carefully labeled with numbers and units.

4. Measure the absorbance spectrum of the proper concentration(undiluted or diluted by some factor) of tonic water. What will you use as the blank spectrum that must always be recorded first? Also record the single—wavelength absorbances at the appropriate wavelengths λ_{Qmax} and λ_{Bmax}. You will actually use the reagent benzoic acid(not sodium benzoate), which can be made to dissolve in water with a few drops of 6 mol $\cdot$ L^{-1} NaOH. After dissolving the reagent, fill to volumes using the 0. 05 mol $\cdot$ L^{-1} H$_2$SO$_4$.

5. Input your data into an Excel file and gengerate a plot to make sure absorbance is linear in concentration for the two sets of standards. Do the absorbances of your standards bracket the absorbance of your quinine and benzoate unknown in the tonic water?

HOMEWORK

1. Prepare a calibration curve from the experimental absorbance measurements of your sandards. Apply least—squares fitting to determine the slope$\pm e$ slope and intercept $\pm e$ intercept. Use your textbook toget the errors on the slope and intercept, or get them from the output of the Excel linear regression output. Derive the equation required to calculate the concentration of your quinine and benzoate unknown, with the correct error.

2. Report the molar absorptivity ε_Q and ε_B and their 95% confidence interval at your selected wavelength for each of the two compounds.

3. Calculate the concentrations of quinine and sodium benzoate in the tonic water.

4. Calculate the 95% confidence intervals for the concentrations of quinine and dodium benzoate in tonic water. Use your textbook as needed.

附　录

附表 1　定量分析实验仪器清单

一、发给学生的仪器

名　称	规　格	数　量
酸式滴定管	50 mL	1 支
碱式滴定管	50 mL	1 支
移液管	50 mL	1 支
	25 mL	1 支
吸量管	10 mL	1 支
	5 mL	1 支
	2 mL	1 支
烧　杯	500 mL	1 个
	400 mL	2 个
	250 mL	2 个
	100 mL	2 个
	50 mL	2 个
	500 mL	1 支
量　筒	50 mL	1 个
	10 mL	1 个
容量瓶	500 mL	1 个
	250 mL	1 个
	100 mL	1 个
	1 000 mL	1 个
试剂瓶	500 mL	2 个(其中 1 个为棕色)
(玻塞)	250 mL	2 个(其中 1 个为棕色)
(橡皮塞)	500 mL	1 个
锥形瓶	250 mL	3 个
表面皿	d 为 12 cm 或 15 cm	2 片
瓷坩埚	18 mL	2 个
洗　瓶	500 mL	1 个
玻璃棒	15～18 mL	3～4 根
滴　管	自制(带橡皮乳头)	2 个
石棉网	15 cm×15 cm	1 个
洗耳球	60 mL	1 个
漏　斗	长　颈	2 个

名　称	规　格	数　量
温度计	0～100℃	1支
碘量瓶	250 mL	3个
酒精灯		1个
铁三角		1个

二、公用仪器

分析天平；酸度计；分光光度计；定量滤纸；电热板；电烘箱；高温电炉（马弗炉）；100～200 W电炉；干燥器；火柴；称量瓶；坩埚钳；漏斗架；移液管架；滴定台；玻璃坩埚（P16或G4A）；吸滤瓶；真空水泵。

附表 2　市售酸碱试剂的含量和密度

试　剂	密度/($g \cdot mL^{-1}$)	浓度/($mol \cdot L^{-1}$)	含量/%
乙　酸	1.04	6.2～6.4	36.0～37.0
冰乙酸	1.05	17.4	优级纯,99.8;分析纯,99.5;化学纯,99.0
氨　水	0.88	12.9～14.8	25～28
盐　酸	1.18	11.7～12.4	36～38
氢氟酸	1.14	27.4	40
硝　酸	1.4	14.4～15.3	65～68
高氯酸	1.75	11.7～12.5	70.0～72.0
磷　酸	1.71	14.6	85.0
硫　酸	1.84	17.8～18.4	95～98

附表 3　弱酸在水中的解离常数（25℃）

弱　酸	分子式	K_a　I=0	pK_a
砷　酸	H_3AsO_4	6.3×10^{-3} (K_{a1})	2.20
		1.0×10^{-7} (K_{a2})	7.00
		3.2×10^{-12} (K_{a3})	11.50
亚砷酸	$HAsO_2$	6.0×10^{-10}	9.22
硼　酸	H_3BO_3	5.8×10^{-10} (K_{a1})	9.24
碳　酸	H_2CO_3 ($CO_2 + H_2O$)	4.5×10^{-7} (K_{a1})	6.35
		5.6×10^{-11} (K_{a2})	10.25
氢氰酸	HCN	6.2×10^{-10}	9.21
铬　酸	$HCrO_4^-$	3.2×10^{-7} (K_{a2})	6.50
氢氟酸	HF	6.6×10^{-4}	3.18
亚硝酸	HNO_2	5.1×10^{-4}	3.29

（续表）

弱　酸	分子式	K_a　　I=0	pK_a
磷　酸	H_3PO_4	$7.6\times10^{-3}(K_{a1})$	2.12
		$6.3\times10^{-8}(K_{a2})$	7.20
		$4.4\times10^{-13}(K_{a3})$	12.36
焦磷酸	$H_4P_2O_7$	$3.0\times10^{-2}(K_{a1})$	1.52
		$4.4\times10^{-3}(K_{a2})$	2.36
		$2.5\times10^{-7}(K_{a3})$	6.60
		$5.6\times10^{-10}(K_{a4})$	9.25
亚磷酸	H_3PO_3	$5.0\times10^{-2}(K_{a1})$	1.30
		$2.5\times10^{-7}(K_{a2})$	6.60
氢硫酸	H_2S	$1.3\times10^{-6}(K_{a1})$	6.88
		$7.1\times10^{-15}(K_{a2})$	14.15
硫　酸	HSO_4^-	$1.0\times10^{-2}(K_{a2})$	1.99
亚硫酸	$H_2SO_3(SO_2+H_2O)$	$1.3\times10^{-2}(K_{a1})$	1.90
		$6.3\times10^{-8}(K_{a2})$	7.20
偏硅酸	H_2SiO_3	$1.7\times10^{-10}(K_{a1})$	9.77
		$1.6\times10^{-12}(K_{a2})$	11.80
甲　酸	HCOOH	1.8×10^{-4}	3.74
乙　酸	CH_3COOH	1.8×10^{-5}	4.74
一氯乙酸	$CH_2ClCOOH$	1.4×10^{-3}	2.86
二氯乙酸	$CHCl_2COOH$	5.0×10^{-2}	1.30
三氯乙酸	CCl_3COOH	0.23	0.64
氨基乙酸盐	$^+NH_3CH_2COOH$	$4.5\times10^{-3}(K_{a1})$	2.35
	$^+NH_3CH_2COO^-$	$2.5\times10^{-10}(K_{a2})$	9.60
抗坏血酸	O=CC(OH)=C(OH)CHCHOHCH$_2$OH$\llcorner$—O—$\lrcorner$	$5.0\times10^{-5}(K_{a1})$	4.30
		$1.5\times10^{-10}(K_{a2})$	9.82
乳　酸	$CH_3CHCOOH$	1.4×10^{-4}	3.86
苯甲酸	C_6H_5COOH	6.2×10^{-6}	4.21
草　酸	$H_2C_2O_4$	$5.9\times10^{-2}(K_{a1})$	1.22
		$6.4\times10^{-5}(K_{a2})$	4.19
d-酒石酸	CH(OH)COOH CH(OH)COOH	$9.1\times10^{-4}(K_{a1})$	3.04
		$4.3\times10^{-5}(K_{a2})$	4.37
邻苯二甲酸	—COOH —COOH	$1.1\times10^{-3}(K_{a1})$	2.95
		$3.9\times10^{-6}(K_{a2})$	5.41
柠檬酸	CH_2COOH	$7.4\times10^{-4}(K_{a1})$	3.13
	C(OH)COOH	$1.7\times10^{-5}(K_{a2})$	4.76
	CH_2COOH	$4.0\times10^{-7}(K_{a3})$	6.40
苯　酚	C_6H_5OH	1.1×10^{-10}	9.95
乙二胺四乙酸	H_6-EDTA^{2+}	$0.1(K_{a1})$	0.8
	H_5-EDTA$^+$	$3\times10^{-2}(K_{a2})$	1.6

（续表）

弱　酸	分子式	K_a　I=0	pK_a
	$H_4 - EDTA$	$1\times10^{-2}(K_{a3})$	2.0
	$H_3 - EDTA^-$	$2.1\times10^{-3}(K_{a4})$	2.67
	$H_2 - EDTA^{2-}$	$6.9\times10^{-7}(K_{a5})$	6.16
	$H - EDTA^{3-}$	$5.5\times10^{-11}(K_{a6})$	10.26

注：如不计水合 CO_2，H_2CO_3 的 $pK_{a1}=3.76$。

附表 4　弱碱在水中的解离常数（25℃）

弱　碱	分子式	K_b　I=0	pK_b
氨　水	NH_3	1.8×10^{-5}	4.74
联　氨	H_2NNH_2	$3.0\times10^{-6}(K_{b1})$	5.52
		$7.6\times10^{-15}(K_{b2})$	14.12
羟　氨	NH_2OH	9.1×10^{-9}	8.04
甲　氨	CH_3NH_2	4.2×10^{-4}	3.38
乙　胺	$C_2H_5NH_2$	5.6×10^{-4}	3.25
二甲胺	$(CH_3)_2NH$	1.2×10^{-4}	3.93
二乙胺	$(C_2H_5)_2NH$	1.3×10^{-3}	2.89
乙醇胺	$HOCH_2CH_2NH_2$	3.2×10^{-5}	4.50
三乙醇胺	$(HOCH_2CH_2)_2N$	5.8×10^{-7}	6.24
六亚甲基四胺	$(CH_2)_6N_4$	1.4×10^{-9}	8.85
乙二胺	$H_2NCH_2CH_2NH_2$	$8.5\times10^{-5}(K_{b1})$	4.07
		$7.1\times10^{-8}(K_{b2})$	7.15
吡　啶		1.7×10^{-9}	8.77

附表 5　配合物的稳定常数（18～25℃）

金属离子	n	I	$lg\beta_n$
氨配合物			
Ag^+	1,2	0.5	3.24；7.05
Cd^{2+}	1,…,6	2	2.65；4.75；6.19；7.12；6.80；5.14
Co^{2+}	1,…,6	2	2.11；3.74；4.79；5.55；5.73；5.11
Co^{3+}	1,…,6	2	6.7；14.0；20.1；25.7；30.8；35.2
Cu^+	1,2	2	5.93；10.86
Cu^{2+}	1,…,5	2	4.31；7.89；11.02；13.22；12.86
Ni^{2+}	1,…,6	2	2.80；5.04；6.77；7.96；8.71；8.74
Zn^{2+}	1,…,4	2	2.37；4.81；7.31；9.46

（续表）

金属离子	n	I	$\lg\beta_n$
溴配合物			
Bi^{3+}	$1,\cdots,6$	2.3	$4.30;5.55;5.89;7.82;-;9.70$
Cd^{2+}	$1,\cdots,4$	3	$1.75;2.34;3.32;3.70$
Cu^+	2	0	5.89
Hg^{2+}	$1,\cdots,4$	0.5	$9.05;17.32;19.74;21.00$
Ag^+	$1,\cdots,4$	0	$4.38;7.33;8.00;8.73$
氯配合物			
Hg^{2+}	$1,\cdots,4$	0.5	$6.74;13.22;14.07;15.07$
Sn^{2+}	$1,\cdots,4$	0	$1.51;2.24;2.03;1.48$
Sb^{3+}	$1,\cdots,6$	4	$3.0;3.49;4.18;4.72;4.72;4.11$
Ag^+	$1,\cdots,4$	0	$3.04;5.04;5.04;5.30$
氰配合物			
Ag^+	$1,\cdots,4$	0	$-;21.1;21.7;20.6$
Cd^{2+}	$1,\cdots,4$	3	$5.48;10.60;15.23;18.78$
Cu^{2+}	$1,\cdots,4$	0	$-;24.0;28.59;30.3$
Fe^{2+}	6	0	35
Fe^{3+}	6	0	42
Hg^{2+}	4	0	41.4
Ni^{2+}	4	0.1	31.3
Zn^{2+}	4	0.1	16.7
氟配合物			
Al^{3+}	$1,\cdots,6$	0.5	$6.13;11.15;15.00;17.75;19.37;19.84$
Fe^{3+}	$1,2,3$	0.5	$5.28;9.30;12.06$
Th^{4+}	$1,2,3$	0.5	$7.65;13.46;17.97$
$TiO^{2+}(Ti^{4+})$	$1,\cdots,4$	3	$5.4;9.8;13.7;18.0$
Zr^{4+}	$1,2,3$	2	$8.80;16.12;21.94$
碘配合物			
Ag^+	$1,2,3$	0	$6.58;11.74;13.68$
Bi^{3+}	$1,\cdots,6$	2	$3.63;-;-;14.95;16.80;18.80$
Cd^{2+}	$1,\cdots,4$	0	$2.10;3.43;4.49;5.41$
Hg^{2+}	$1,\cdots,4$	0.5	$12.87;23.82;27.60;29.83$
Pb^{2+}	$1,\cdots,4$	0	$2.00;3.15;3.92;4.47$
硫氰酸配合物			
Ag^+	$1,\cdots,4$	2.2	$-;7.57;9.08;10.08$
Au^+	$1,\cdots,4$	0	$-;23;-;42$
Fe^{3+}	$1,2$	0.5	$2.95;3.36$
Hg^{2+}	$1,\cdots,4$	1	$-;17.47;-;21.33$
硫代硫酸配合物			
Cu^+	$1,2,3$	0.8	$10.35;12.27;13.71$
Hg^{2+}	$1,\cdots,4$	0	$-;29.86;32.26;33.61$
Ag^+	$1,2,3$	0	$8.82;13.46;14.15$

金属离子	n	I	$\lg\beta_n$
乙酰丙酮配合物（HL）			
Al^{3+}	1,2,3	0	8.60;15.5;21.30
Cu^{2+}	1,2	0	8.27;16.34
Fe^{2+}	1,2	0	5.07;8.67
Fe^{3+}	1,2,3	0	11.4;22.1;26.7
Ni^{2+}	1,2,3	0	6.06;10.77;13.09
Zn^{2+}	1,2	0	4.98;8.81
柠檬酸配合物（H_3L）			
Ag^+　Ag_2HL	1	0	7.1
Al^{3+}　AlL	1	0.5	20.0
Cu^{2+}　CuL^-	1	0.5	14.2
Fe^{2+}　FeL^-	1	0.5	15.5
Fe^{3+}　FeL	1	0.5	25.0
Ni^{2+}　NiL^-	1	0.5	14.3
Zn^{2+}　ZnL^-	1	0.5	11.4
乙二胺配合物（L）			
Ag^+	1,2	0.1	4.70;7.70
Cd^{2+}	1,2,3	0.5	5.47;10.09;12.09
Co^{2+}	1,2,3	1	5.91;10.64;13.94
Co^{3+}	1,2,3	1	18.7;34.9;48.69
Cu^+	2	0.3	11.2
Cu^{2+}	1,2,3	1	10.67;20.00;21.0
Fe^{2+}	1,2,3	1.4	4.34;7.65;9.70
Hg^{2+}	1,2	0.1	14.3;23.3
Mn^{2+}	1,2,3	1	2.73;4.79;5.67
Ni^{2+}	1,2,3	1	7.52;13.80;18.06
Zn^{2+}	1,2,3	1	5.77;10.83;14.11
草酸配合物（H_2L）			
Al^{3+}	1,2,3	0	7.26;13.0;16.3
Co^{2+}	1,2,3		4.79;6.7;9.7
Co^{3+}	3	0	~20
Fe^{2+}	1,2,3	0.5~1	2.9;4.52;5.22
Fe^{3+}	1,2,3	0	9.4;16.2;20.2
Mn^{3+}	1,2,3	2	9.98;16.57;19.42
Ni^{2+}	1,2,3	0	5.3;7.64;~8.5
TiO^{2+}	1,2	2	6.60;9.90
Zn^{2+}	1,2,3	0.5	4.89;7.60;8.15

金属离子	n	I	$\lg\beta_n$
磺基水杨酸配合物（H_3L）			
Al^{3+}	1,2,3	0.1	13.20;22.83;28.89
Cd^{2+}	1,2	0.25	16.68;29.08
Co^{2+}	1,2	0.1	6.13;9.82
Cr^{3+}	1	1	9.56
Cu^{2+}	1,2	0.1	9.52;16.45
Fe^{2+}	1,2	0.1~0.5	5.90;9.90
Fe^{3+}	1,2,3	0.25	14.64;25.18;32.12
Mn^{2+}	1,2	0.1	5.24;8.24
Ni^{2+}	1,2	0.1	6.42;10.24
Zn^{2+}	1,2	0.1	6.05;10.65
硫脲配合物（L）			
Ag^+	1,2	0.03	7.4;13.1
Bi^{3+}	6	0	11.9
Cu^+	1,…,4	0.1	—;—;~13;15.4
Hg^{2+}	1,…,4	1	—;22.1;24.7;26.8
酒石酸配合物（H_2L）			
Bi^{3+}	3	0	8.30
Ca^{2+}	2	0.5	9.01
CaHL	1	0.5	4.85
Cu^{2+}	1,…,4	1	3.2;5.11;4.78;6.51
Fe^{3+}	3	0	7.49
Pb^{2+}	3	0	4.7
Zn^{2+}	2	0.5	8.32
铬黑 T 配合物			
Ca^{2+}	1	0.02	5.4
Mg^{2+}	1	0.08	7.0
Zn^{2+}	1,2		13.5;20.6
邻二氮菲配合物			
Ag^+	1,2	0.1	5.02;12.07
Cu^{2+}	1,2,3	0.1	9.1;15.8;21.0
Fe^{2+}	1,2,3	0.1	5.9;11.1;21.3
Hg^{2+}	1,2,3	0.1	~19.95;23.35
Ni^{2+}	1,2,3	0.1	8.8;17.1;24.8
Zn^{2+}	1,2,3	0.1	6.4;12.15;17.0

注：β_n 为配合物的累积稳定常数,即

$$\beta_n = K_1 \times K_2 \times K_3 \times K_4 \times \cdots \times K_n$$

$$\lg\beta_n = \lg K_1 + \lg K_2 + \lg K_3 + \lg K_4 + \cdots + \lg K_n$$

例如,Ag^+ 与 NH_3 的配合物:

$$\lg\beta_1 = 3.24 \quad 即 \lg K_1 = 3.24$$

$$\lg\beta_2 = 7.05 \quad 即 \lg K_1 = 3.24 \quad \lg K_2 = 3.81$$

附表 6　氨羧配位剂类配合物的稳定常数(18～25℃　$I=0.1$)

金属离子	lgK					NTA	
	EDTA	DCyTA	DTPA	EGTA	HEDTA	$lg\beta_1$	$lg\beta_2$
Ag^+	7.32			6.88	6.71	5.16	
Al^{3+}	16.3	19.5	18.6	13.9	14.3	11.4	
Ba^{2+}	7.86	8.69	8.87	8.41	6.3	4.82	
Be^{2+}	9.2	11.51				7.11	
Bi^{3+}	27.94	32.3	35.6		22.3	17.5	
Ca^{2+}	10.69	13.20	10.83	10.97	8.3	6.41	
Cd^{2+}	16.46	19.93	19.2	16.7	13.3	9.83	14.61
Co^{2+}	16.31	19.62	19.27	12.39	14.6	10.38	14.39
Co^{3+}	36				37.4	6.84	
Cr^{3+}	23.4					6.23	
Cu^{2+}	18.80	22.00	21.55	17.71	17.6	12.96	
Fe^{2+}	14.32	19.0	16.5	11.87	12.3	8.33	
Fe^{3+}	25.1	30.1	28.0	20.5	19.8	15.9	
Ga^{3+}	20.3	23.2	25.54		16.9	13.6	
Hg^{2+}	21.7	25.00	26.70	23.2	20.30	14.6	
In^{3+}	25.0	28.8	29.0		20.2	16.9	
Li^+	2.79					2.51	
Mg^{2+}	8.7	11.02	9.30	5.21	7.0	5.41	
Mn^{2+}	13.87	17.48	15.60	12.28	10.9	7.44	
$Mo(V)$	～28						
Na^+	1.66						1.22
Ni^{2+}	18.62	20.3	20.32	13.55	17.3	11.53	16.42
Pb^{2+}	18.04	20.38	18.80	14.71	15.7	11.39	
Pd^{2+}	18.5						
Sc^{3+}	23.1	26.1	24.5	18.2		24.1	
Sn^{2+}	22.11	17.8($I=1$)	20.7($I=1$)				
Sr^{2+}	8.73	10.59	9.77	8.50	6.9	4.98	
Th^{4+}	23.2	25.6	28.78		8.5	13.3	
TiO^{2+}	17.3						
Tl^{3+}	37.8	38.3($I=1$)				20.9	32.5(1.0)

（续表）

金属离子	lgK						
	EDTA	DCyTA	DTPA	EGTA	HEDTA	NTA	
						$lg\beta_1$	$lg\beta_2$
U^{4+}	25.8	27.6	7.69				
VO^{2+}	18.8	20.10					
Zn^{2+}	16.50	19.37	18.40	12.7	14.7	10.67	14.29
Zr^{4+}	29.5	29.9(2,$HClO_3$)	35.8(I=0.23)			20.8	
稀土元素	16~20	17~22	19		13~16	10~12	

注：EDTA：乙二胺四乙酸；　　　　　　DCyTA：1,2-二氨基环己烷四乙酸；
　　DTPA：二乙基三胺五乙酸；　　　　　EGTA：乙二醇二乙醚二胺四乙酸；
　　HEDTA：N-β-羟基乙基乙二胺三乙酸；　　NTA：氨三乙酸。

附表 7　标准电极电位表（18~25℃）

半反应	$E^{\ominus}/V$	半反应	$E^{\ominus}/V$
$F_2(g)+2H^++2e^-\rightleftharpoons 2HF$	3.06	$HIO+H^++e^-\rightleftharpoons \frac{1}{2}I_2+H_2O$	1.45
$O_3+2H^++2e^-\rightleftharpoons O_2+H_2O$	2.07	$ClO_3^-+6H^++6e^-\rightleftharpoons Cl^-+3H_2O$	1.45
$S_2O_8^{2-}+2e^-\rightleftharpoons 2SO_4^{2-}$	2.01	$BrO_3^-+6H^++6e^-\rightleftharpoons Br^-+3H_2O$	1.44
$H_2O_2+2H^++2e^-\rightleftharpoons 2H_2O$	1.77	$Au(Ⅲ)+2e^-\rightleftharpoons Au(Ⅰ)$	1.41
$MnO_4^-+4H^++3e^-\rightleftharpoons MnO_2(s)+2H_2O$	1.695	$Cl_2(g)+2e^-\rightleftharpoons 2Cl^-$	1.359 5
$PbO_2(s)+SO_4^{2-}+4H^++2e^-\rightleftharpoons PbSO_4(s)+2H_2O$	1.685	$ClO_4^-+8H^++7e^-\rightleftharpoons \frac{1}{2}Cl_2+4H_2O$	1.34
		$Cr_2O_7^{2-}+14H^++6e^-\rightleftharpoons 2Cr^{3+}+7H_2O$	1.33
$HClO_2+2H^++2e^-\rightleftharpoons HClO+H_2O$	1.64	$MnO_2(s)+4H^++2e^-\rightleftharpoons Mn^{2+}+2H_2O$	1.23
$HClO+H^++e^-\rightleftharpoons \frac{1}{2}Cl_2+H_2O$	1.63	$O_2(g)+4H^++4e^-\rightleftharpoons 2H_2O$	1.229
$Ce^{4+}+e^-\rightleftharpoons Ce^{3+}$	1.61	$IO_3^-+6H^++5e^-\rightleftharpoons \frac{1}{2}I_2+3H_2O$	1.20
$H_5IO_6+H^++2e^-\rightleftharpoons IO_3^-+3H_2O$	1.60	$ClO_4^-+2H^++2e^-\rightleftharpoons ClO_3^-+H_2O$	1.19
$HBrO+H^++e^-\rightleftharpoons \frac{1}{2}Br_2+H_2O$	1.59	$Br_2(aq)+2e^-\rightleftharpoons 2Br^-$	1.087
$BrO_3^-+6H^++5e^-\rightleftharpoons \frac{1}{2}Br_2+3H_2O$	1.52	$NO_2+H^++e^-\rightleftharpoons HNO_2$	1.07
$MnO_4^-+8H^++5e^-\rightleftharpoons Mn^{2+}+4H_2O$	1.51	$Br_3^-+2e^-\rightleftharpoons 3Br^-$	1.05
$Au(Ⅲ)+3e^-\rightleftharpoons Au$	1.50	$HNO_2+H^++e^-\rightleftharpoons NO(g)+H_2O$	1.00
$HClO+H^++2e^-\rightleftharpoons Cl^-+H_2O$	1.49	$VO_2^++2H^++e^-\rightleftharpoons VO^{2+}+H_2O$	1.00
$ClO_3^-+6H^++5e^-\rightleftharpoons \frac{1}{2}Cl_2+3H_2O$	1.47	$HIO+H^++2e^-\rightleftharpoons I^-+H_2O$	0.99
$PbO_2(s)+4H^++2e^-\rightleftharpoons Pb^{2+}+2H_2O$	1.455	$NO_3^-+3H^++2e^-\rightleftharpoons HNO_2+H_2O$	0.94

（续表）

半反应	$E^{\ominus}/V$	半反应	$E^{\ominus}/V$
$ClO^- + H_2O + 2e^- =\!\!= Cl^- + 2OH^-$	0.89	$HAsO_2 + 3H^+ + 3e^- =\!\!= As + 2H_2O$	0.248
$H_2O_2 + 2e^- =\!\!= 2OH^-$	0.88	$AgCl(s) + e^- =\!\!= Ag + Cl^-$	0.222 3
$Cu^{2+} + I^- + e^- =\!\!= CuI(s)$	0.86	$SbO^+ + 2H^+ + 3e^- =\!\!= Sb + H_2O$	0.212
$Hg^{2+} + 2e^- =\!\!= Hg$	0.845	$SO_4^{2-} + 4H^+ + 2e^- =\!\!= SO_2(aq) + H_2O$	0.17
$NO_3^- + 2H^+ + e^- =\!\!= NO_2 + H_2O$	0.80	$Cu^{2+} + e^- =\!\!= Cu^+$	0.159
$Ag^+ + e^- =\!\!= Ag$	0.799 5	$Sn^{4+} + 2e^- =\!\!= Sn^{2+}$	0.154
$Hg_2^{2+} + 2e^- =\!\!= 2Hg$	0.793	$S + 2H^+ + 2e^- =\!\!= H_2S(g)$	0.141
$Fe^{3+} + e^- =\!\!= Fe^{2+}$	0.771	$Hg_2Br_2 + 2e^- =\!\!= 2Hg + 2Br^-$	0.139 5
$BrO^- + H_2O + 2e^- =\!\!= Br^- + 2OH^-$	0.761	$TiO^{2+} + 2H^+ + e^- =\!\!= Ti^{3+} + H_2O$	0.1
$O_2(g) + 2H^+ + 2e^- =\!\!= H_2O_2$	0.682	$S_4O_6^{2-} + 2e^- =\!\!= 2S_2O_3^{2-}$	0.08
$AsO_2^- + 2H_2O + 3e^- =\!\!= As + 4OH^-$	0.68	$AgBr(s) + e^- =\!\!= Ag + Br^-$	0.071
$2HgCl_2 + 2e^- =\!\!= Hg_2Cl_2(s) + 2Cl^-$	0.63	$2H^+ + 2e^- =\!\!= H_2$	0.000
$Hg_2SO_4(s) + 2e^- =\!\!= 2Hg + SO_4^{2-}$	0.615 1	$O_2 + H_2O + 2e^- =\!\!= HO_2^- + OH^-$	-0.067
$MnO_4^- + 2H_2O + 3e^- =\!\!= MnO_2(s) + 4OH^-$	0.588	$TiOCl^+ + 2H^+ + 3Cl^- + e^- =\!\!= TiCl_4^- + H_2O$	-0.09
$MnO_4^- + e^- =\!\!= MnO_2^{2-}$	0.564	$Pb^{2+} + 2e^- =\!\!= Pb$	-0.126
$H_3AsO_4 + 2H^+ + 2e^- =\!\!= HAsO_2 + 2H_2O$	0.559	$Sn^{2+} + 2e^- =\!\!= Pb$	-0.136
$I_3^- + 2e^- =\!\!= 3I^-$	0.545	$AgI(s) + e^- =\!\!= Ag + I^-$	$-0.015\ 2$
$I_2(s) + 2e^- =\!\!= 2I^-$	0.534 5	$Ni^{2+} + e^- =\!\!= Ni$	-0.246
$Mo(VI) + e^- =\!\!= Mo(V)$	0.53	$H_3PO_4 + 2H^+ + 2e^- =\!\!= H_3PO_3 + H_2O$	-0.276
$Cu^+ + e^- =\!\!= Cu$	0.52	$Co^{2+} + 2e^- =\!\!= Co$	-0.277
$4SO_2(aq) + 4H^+ + 6e^- =\!\!= S_4O_6^{2-} + 2H_2O$	0.51	$Tl^+ + e^- =\!\!= Tl$	-0.336
$HgCl_4^{2-} + 2e^- =\!\!= Hg + 4Cl^-$	0.48	$In^{3+} + 3e^- =\!\!= In$	-0.345
$2SO_2(aq) + 2H^+ + 4e^- =\!\!= S_2O_3^{2-} + H_2O$	0.40	$PbSO_4(s) + 2e^- =\!\!= Pb + SO_4^{2-}$	$-0.355\ 3$
$Fe(CN)_6^{3-} + e^- =\!\!= Fe(CN)_6^{4-}$	0.36	$SeO_3^{2-} + 3H_2O + 4e^- =\!\!= Se + 6OH^-$	-0.366
$Cu^{2+} + 2e^- =\!\!= Cu$	0.337	$As + 3H^+ + 3e^- =\!\!= AsH_3$	-0.38
$VO^{2+} + 2H^+ + e^- =\!\!= V^{3+} + H_2O$	0.337	$Se + 2H^+ + 2e^- =\!\!= H_2Se$	-0.40
$BiO^+ + 2H^+ + 3e^- =\!\!= Bi + H_2O$	0.32	$Cd^{2+} + 2e^- =\!\!= Cd$	-0.403
$Hg_2Cl_2(s) + 2e^- =\!\!= 2Hg + 2Cl^-$	0.267 6	$Cr^{3+} + e^- =\!\!= Cr^{2+}$	-0.41
		$Fe^{2+} + 2e^- =\!\!= Fe$	-0.440
		$S + 2e^- =\!\!= S^{2-}$	-0.48

（续表）

半反应	$E^{\ominus}/V$	半反应	$E^{\ominus}/V$
$2CO_2+2H^++2e^-\Longrightarrow H_2C_2O_4$	-0.49	$Sn(OH)_6^{2-}+2e^-\Longrightarrow HSnO_2^-+H_2O+$	-0.93
$H_3PO_3+2H^++2e^-\Longrightarrow H_3PO_2+H_2O$	-0.50	$\qquad\qquad 3OH^-$	
$Sb+3H^++2e^-\Longrightarrow SbH_3$	-0.51	$CNO^-+H_2O+2e^-\Longrightarrow CN^-+2OH^-$	-0.97
$HPbO_2^-+H_2O+2e^-\Longrightarrow Pb+3OH^-$	-0.54	$Mn^{2+}+2e^-\Longrightarrow Mn$	-1.182
$Ga^{3+}+3e^-\Longrightarrow Ga$	-0.56	$ZnO_2^{2-}+2H_2O+2e^-\Longrightarrow Zn+4OH^-$	-1.216
$TeO_3^{2-}+3H_2O+4e^-\Longrightarrow Te+6OH^-$	-0.57	$Al^{3+}+3e^-\Longrightarrow Al$	-1.66
$2SO_3^{2-}+3H_2O+4e^-\Longrightarrow S_2O_3^{2-}+6OH^-$	-0.58	$H_2AlO_3^-+H_2O+3e^-\Longrightarrow Al+4OH^-$	-2.35
$SO_3^{2-}+3H_2O+4e^-\Longrightarrow S+6OH^-$	-0.66	$Mg^{2+}+2e^-\Longrightarrow Mg$	-2.37
$AsO_4^{3-}+3H_2O+2e^-\Longrightarrow AsO_2^-+4OH^-$	-0.67	$Na^++e^-\Longrightarrow Na$	-2.714
$Ag_2S(s)+2e^-\Longrightarrow 2Ag+S^{2-}$	-0.69	$Ca^{2+}+2e^-\Longrightarrow Ca$	-2.87
$Zn^{2+}+2e^-\Longrightarrow Zn$	-0.763	$Sr^{2+}+2e^-\Longrightarrow Sr$	-2.89
$2H_2O+2e^-\Longrightarrow H_2+2OH^-$	-0.828	$Ba^{2+}+2e^-\Longrightarrow Ba$	-2.90
$Cr^{2+}+2e^-\Longrightarrow Cr$	-0.91	$K^++e^-\Longrightarrow K$	-2.925
$HSnO_2^-+H_2O+2e^-\Longrightarrow Sn+3OH^-$	-0.91	$Li^++e^-\Longrightarrow Li$	-3.042
$Se+2e^-\Longrightarrow Se^{2-}$	-0.92		

附表 8　几种常用的酸碱指示剂

指示剂	变化范围 pH	颜色		pK_{HIn}	浓度
		酸色	碱色		
百里酚蓝 （第一次变色）	1.2～2.8	红	黄	1.6	0.1％的20％酒精溶液
甲基黄	2.9～4.0	红	黄	3.3	0.1％的90％酒精溶液
甲基橙	3.1～4.4	红	黄	3.4	0.05％的水溶液
溴酚蓝	3.1～4.6	黄	紫	4.1	0.1％的20％酒精溶液或其钠盐的水溶液
溴甲酚绿	3.8～5.4	黄	蓝	4.9	0.1％的水溶液，每 100 mg 指示剂加 0.05 mol·L^{-1}NaOH 2.9 mL
甲基红	4.4～6.2	红	黄	5.2	0.1％的60％酒精溶液或其钠盐的水溶液
溴甲酚紫	5.2～6.8	黄	紫	6.3	0.1％的20％酒精溶液
中性红	6.8～8.0	红	黄橙	7.4	0.1的60％酒精溶液

（续表）

指示剂	变化范围 pH	颜色		pK_{HIn}	浓度
		酸色	碱色		
酚红	6.7～8.4	黄	红	8.0	0.1%的60%酒精溶液或其钠盐水溶液
酚酞	8.0～9.6	无	红	9.1	0.1%的90%酒精溶液
百里酚蓝（第二次变色）	8.0～9.6	黄	蓝	8.9	见第一次变色
百里酚酞	9.4～10.6	无	蓝	10.0	0.1%的90%酒精溶液

附表 9　常用酸碱混合指示剂

指示剂溶液的组成	变色点 pH	颜色		注
		酸色	碱色	
一份0.1%甲基黄酒精溶液 一份0.1%次甲基蓝酒精溶液	3.25	蓝紫	绿	pH 3.4 绿色 pH 3.2 蓝紫色
一份0.1%甲基橙水溶液 一份0.25%靛蓝二磺酸钠水溶液	4.1	紫	黄绿	
三份0.1%溴甲酚绿酒精溶液 一份0.2%甲酚绿酒精溶液	5.1	酒红	绿	
一份0.1%溴甲酚绿钠盐水溶液 一份0.1%氯酚红钠盐水溶液	6.1	黄绿	蓝紫	pH 5.4 蓝紫色,pH 5.8 蓝色 pH 6.0 蓝带紫,pH 6.2 蓝紫
一份0.1%中性红酒精溶液 一份0.1%次甲基蓝酒精溶液	7.0	蓝紫	绿	pH 7.0 蓝紫
一份0.1%甲酚红钠盐水溶液 三份0.1%百里酚蓝钠盐水溶液	8.3	黄	紫	pH 8.2 玫瑰色 pH 8.4 清晰的紫色
一份0.1%百里酚蓝50%酒精溶液 三份0.1%酚酞50%酒精溶液	9.0	黄	紫	从黄到绿再到紫
二份0.1%百里酚酞酒精溶液 一份0.1%茜素黄酒精溶液	10.2	黄	紫	

附表 10　金属离子指示剂

指示剂名称	解离平衡和颜色变化	溶液配制方法
铬黑 T(EBT)	$H_2In^- \underset{紫红}{\overset{pK_{a2}=6.3}{\rightleftharpoons}} H_2In^{2-} \underset{蓝}{\overset{pK_{a3}=11.5}{\rightleftharpoons}} In^{3-}$ 橙	0.5%水溶液
二甲酚橙(XO)	$H_3In^{3-} \underset{黄}{\overset{pK_{a4}=6.3}{\rightleftharpoons}} H_2In^{4-}$ 红	0.2%水溶液

（续表）

指示剂名称	解离平衡和颜色变化	溶液配制方法
K-B指示剂	$H_2In \xrightleftharpoons{pK_{a1}=8} HIn^- \xrightleftharpoons{pK_{a2}=13} In^{2-}$ 　　红　　　　　　　蓝　　　　　　紫红	0.2 g 酸性铬蓝 K 与 0.4 g 奈酚绿 B 溶于 100 mL 水中
钙指示剂	$H_2In^- \xrightleftharpoons{pK_{a2}=7.4} H_2In^{2-} \xrightleftharpoons{pK_{a3}=13.5} In^{3-}$ 　酒红　　　　　　　蓝　　　　　　紫红	0.5% 的乙醇溶液
吡啶偶氮奈酚 （PAN）	$H_2In^+ \xrightleftharpoons{pK_{a1}=1.9} HIn \xrightleftharpoons{pK_{a2}=12.2} In^-$ 　黄绿　　　　　　　黄　　　　　　淡红	0.1% 的乙醇溶液
吡啶偶氮间苯二酚 （PAR）	$H_3In \xrightleftharpoons{pK_{a1}} H_2In^- \xrightleftharpoons{pK_{a2}} HIn^{2-} \xrightleftharpoons{pK_{a3}} In^{3+}$ 　黄　　　　黄　　　　橙　　　　红	0.2% 水溶液
Cu-PAN （CuY-PAN 溶液）	$CuY+PAN+M^{n+} \Longrightarrow MY+Cu\text{-}PAN$ 　浅绿　　　　　　　无色　　　　　　红	将 10 mL 0.05 mol·L^{-1} Cu^{2+} 溶液加 5 mL pH 5～6 的 HAc 缓冲液，1 滴 PAN 指示剂，加热至 60℃左右，用 EDTA 滴至绿色，得到约 0.25 mol·L^{-1} 的 CuY 溶液，使用时取 2～3 mL 于试液中，再加数滴 PAN 溶液
磺基水杨酸	$H_2In \xrightleftharpoons{pK_{a1}=2.7} HIn^- \xrightleftharpoons{pK_{a2}=13.1} In^{2-}$ 　　　　　　　　无色	1% 的水溶液
钙镁试剂 （Calmaglte）	$H_2In^- \xrightleftharpoons{pK_{a2}=8.1} HIn^{2-} \xrightleftharpoons{pK_{a3}=13.1} In^{3-}$ 　红　　　　　　　蓝　　　　　　红橙	0.5% 水溶液

注：EBT、钙指示剂、K-B指示剂等在水溶液中稳定性较差，可以配成指示剂与 NaCl 之比为 1：100 或 1：200 的固体粉末。

附表 11　氧化还原指示剂

指示剂名称	变色电位 $E^{\ominus\prime}/V(pH=0)$	颜色变化		溶液配制方法
		氧化态	还原态	
中性红	0.24	红	无色	0.05% 的 60% 乙醇溶液
次甲基蓝	0.36	蓝	无色	0.05% 水溶液
变胺蓝	0.59(pH=2)	无色	蓝色	0.05% 水溶液
二苯胺	0.76	紫	无色	1% 的浓 H_2SO_4 溶液
二苯胺磺酸钠	0.85	紫红	无色	0.5% 的水溶液
N-邻苯氨基苯甲酸	1.08	紫红	无色	0.1 g 指示剂加 20 mL 15% 的 Na_2CO_3 溶液，用水稀释至 100 mL
邻二氮菲-Fe(Ⅱ)	1.06	浅蓝	红	1.485 g 邻二氮菲加 0.695 g $FeSO_4$·$7H_2O$，溶于 100 mL 水中(0.025 mol·L^{-1})
5-硝基邻二氮菲-Fe(Ⅱ)	1.25	浅蓝	紫红	1.608 g 5-硝基邻二氮菲加 0.695 g $FeSO_4$·$7H_2O$，溶于 100 mL 水中(0.025 mol·L^{-1})

附表 12　常用缓冲溶液的配制

缓冲溶液组成	pK_{a1}	缓冲液 pH	缓冲溶液配制方法
一氯乙酸- NH_4Ac		2.0	取 0.1 mol·L^{-1} 一氯乙酸 100 mL,加 10 mL 0.1 mol·L^{-1} NH_4Ac,混匀
H_3PO_4 -柠檬酸盐		2.5	取 113 g Na_2HPO_4·$12H_2O$ 溶于 200 mL 水后,加 387 g 柠檬酸,溶解,过滤,稀至 1 L
一氯乙酸- NaOH	2.86	2.8	取 200 g 一氯乙酸溶于 200 mL 水中,加 40 g NaOH,溶解后,稀至 1 L
邻苯二甲酸氢钾- HCl	2.95(pK_{a1})	2.9	取 500 g 邻苯二甲酸氢钾溶于 500 mL 水中,加 80 mL 浓 HCl,稀至 1 L
一氯乙酸- NaAc		3.5	取 250 mL 2 mol·L^{-1} 一氯乙酸,加 500 mL 1 mol·L^{-1} NaAc,混匀
NH_4Ac - HAc		4.5	取 77 g NH_4Ac 溶于 200 mL 水中,加 59 mL 冰 HAc,稀至 1 L
NaAc - HAc	4.74	4.7	取无水 83 g NaAc 溶于水中,加 60 mL 冰 HAc,稀至 1 L
NH_4Ac - HAc		5.0	取 250 g NH_4Ac 溶于水中,加 25 mL 冰 HAc,稀至 1 L
六亚甲基四胺- HCl	5.15	5.4	取 40 g 六亚甲基四胺溶于 200 mL 水中,加 10 mL 浓 HCl,稀至 1 L
NH_4Ac - HAc		6.0	取 600 g NH_4Ac 溶于水中,加 20 mL 冰 HAc,稀至 1 L
NaAc - H_3PO_4 盐		8.0	取 50 g 无水 NaAc 和 50 g Na_2HPO_4·$12H_2O$ 溶于水中,稀至 1 L
Tris - HCl[Tris 为三羟甲基氨甲烷 $CNH_2(HOCH_3)_3$]	8.21	8.2	取 25 g Tris 试剂溶于水中,加浓 18 mL HCl,稀至 1 L
NH_3 - NH_4Cl	9.26	9.2	取 54 g NH_4Cl 溶于水中,加 63 mL 浓氨水,稀至 1 L
NH_3 - NH_4Cl	9.26	9.5	取 54 g NH_4Cl 溶于水中,加 126 mL 浓氨水,稀至 1 L
NH_3 - NH_4Cl	9.26	10.0	取 54 g NH_4Cl 溶于水中,加 350 mL 浓氨水,稀至 1 L
NaOH - $Na_2B_4O_7$		12.6	10 g NaOH 和 10 g NaB_4O_7 溶于水稀至 1 L

注:(1) 缓冲液配制后可用 pH 试纸检查。如 pH 不对,可用共轭酸或碱调节。pH 欲调节精确时,可用 pH 计调节。

(2) 若需增加或减少缓冲液的缓冲容量时,可相应增加或减少共轭酸碱对物质的量,再调节之。

附表 13　*Q* 检验法

检验对象	检验公式	n	$Q_{0.90}$	$Q_{0.95}$	$Q_{0.99}$
最小值 x_1	$Q = \dfrac{x_2 - x_1}{x_n - x_1}$	3	0.94	0.98	0.99
		4	0.76	0.85	0.93
		5	0.64	0.73	0.82
		6	0.56	0.64	0.74
最大值 x_n	$Q = \dfrac{x_n - x_{n-1}}{x_n - x_1}$	7	0.51	0.59	0.68
		8	0.47	0.54	0.63
		9	0.44	0.51	0.60
		10	0.41	0.48	0.57
置信度			90%	95%	99%

附表 14　化合物的相对分子质量

化合物	相对分子质量	化合物	相对分子质量	化合物	相对分子质量
Ag_3AsO_4	462.52	$BaCO_3$	197.34	$Ca_3(PO_4)_2$	310.18
$AgBr$	187.77	BaC_2O_4	225.35	$CaSO_4$	136.14
$AgCl$	143.32	$BaCl_2$	208.24	$CdCO_3$	172.42
$AgCN$	133.89	$BaCl_2 \cdot 2H_2O$	244.27	$CdCl_2$	183.32
$AgSCN$	165.95	$BaCrO_4$	253.32	CdS	144.47
Ag_2CrO_4	331.73	BaO	153.33	$Ce(SO_4)_2$	332.24
AgI	234.77	$Ba(OH)_2$	171.34	$Ce(SO_4)_2 \cdot 4H_2O$	404.30
$AgNO_3$	169.87	$BaSO_4$	233.39	$CoCl_2$	129.84
$AlCl_3$	133.34	$BiCl_3$	315.34	$CoCl_2 \cdot 6H_2O$	237.93
$AlCl_3 \cdot 6H_2O$	241.43	$BiOCl$	260.43	$Co(NO_3)_2$	182.94
$Al(NO_3)_3$	213.00			$Co(NO_3)_2 \cdot 6H_2O$	291.03
$Al(NO_3)_3 \cdot 9H_2O$	375.13	CO_2	44.01	CoS	90.99
Al_2O_3	101.96	CaO	56.08	$CoSO_4$	154.99
$Al(OH)_3$	78.00	$CaCO_3$	100.09	$CoSO_4 \cdot 7H_2O$	281.10
$Al_2(SO_4)_3$	342.14	CaC_2O_4	128.10	$CO(NH_2)_2$	60.06
$Al_2(SO_4)_3 \cdot 18H_2O$	666.41	$CaCl_2$	110.99	$CrCl_3$	158.36
As_2O_3	197.84	$CaCl_2 \cdot 6H_2O$	219.08	$CrCl_3 \cdot 6H_2O$	266.45
As_2O_5	229.84	$Ca(NO_3)_2 \cdot 4H_2O$	236.15	$Cr(NO_3)_3$	238.01
As_2S_3	246.02	$Ca(OH)_2$	74.10	Cr_2O_3	151.99

化合物	相对分子质量	化合物	相对分子质量	化合物	相对分子质量
CuCl	99.00	H_3AsO_3	125.94	Hg_2SO_4	497.24
$CuCl_2$	134.45	H_3AsO_4	141.94	$KAl(SO_4)_2 \cdot 2H_2O$	474.38
$CuCl_2 \cdot 2H_2O$	170.48	H_3BO_3	61.83	KBr	119.00
CuSCN	121.62	HBr	80.91	KCl	74.55
CuI	190.45	HCN	27.03	$KClO_3$	122.55
$Cu(NO_3)_2$	187.56	HCOOH	46.03	$KClO_4$	138.55
$Cu(NO_3)_2 \cdot 3H_2O$	241.60	H_2CO_3	62.03	KCN	65.12
CuO	79.55	$H_2C_2O_4$	90.04	KSCN	97.18
Cu_2O	143.09	$H_2C_2O_4 \cdot 2H_2O$	126.07	K_2CO_3	138.21
CuS	95.61	HCl	36.46	K_2CrO_4	194.19
$CuSO_4$	159.60	HF	20.01	$K_2Cr_2O_7$	294.18
$CuSO_4 \cdot 5H_2O$	249.68	HI	127.91	$K_3Fe(CN)_6$	329.25
		HIO_3	175.91	$K_4Fe(CN)_6$	368.35
$FeCl_2$	126.75	HNO_3	63.01	$KFe(SO_4)_2 \cdot 12H_2O$	503.24
$FeCl_2 \cdot 4H_2O$	198.81	HNO_2	47.01	$KHC_2O_4 \cdot H_2O$	146.14
$FeCl_3$	162.21	H_2O	18.02	$KHC_2O_4 \cdot H_2C_2O_4 \cdot 2H_2O$	254.19
$FeCl_2 \cdot 6H_2O$	270.30	H_2O_2	34.02		
$FeNH_4(SO_4)_2 \cdot 12H_2O$	482.18	H_3PO_4	98.00	$KHC_4H_4O_6$	188.18
$Fe(NO_3)_2$	241.86	H_2S	34.08	$KHSO_4$	136.16
$Fe(NO_3)_3 \cdot 9H_2O$	404.00	H_2SO_3	82.07	KI	166.00
FeO	71.85	H_2SO_4	98.07	KIO_3	214.00
Fe_2O_3	159.69	$Hg(CN)_2$	252.63	$KIO_3 \cdot HIO_3$	389.91
Fe_3O_4	231.54	$HgCl_2$	271.50	$KMnO_4$	158.03
$Fe(OH)_3$	106.87	Hg_2Cl_2	472.09	$KNaC_4H_4O_6 \cdot 4H_2O$	282.22
FeS	87.91	HgI_2	454.40	KNO_3	101.10
Fe_2S_3	207.87	$Hg_2(NO_3)_2$	525.19	KNO_2	85.10
$FeSO_4$	151.91	$Hg_2(NO_3)_2 \cdot 2H_2O$	561.22	K_2O	94.20
$FeSO_4 \cdot 7H_2O$	278.01	$Hg(NO_3)_2$	324.60	KOH	56.11
$FeSO_4 \cdot (NH_4)_2SO_4 \cdot 6H_2O$	392.13	HgO	216.59	K_2SO_4	174.25
		HgS	232.65		
		$HgSO_4$	296.65	$MgCO_3$	84.31

化合物	相对分子质量	化合物	相对分子质量	化合物	相对分子质量
$MgCl_2$	95.21	$(NH_4)_2HPO_4$	132.06	$Na_2S_2O_3$	158.10
$MgCl_2 \cdot 6H_2O$	203.30	$(NH_4)_2S$	68.14	$Na_2S_2O_3 \cdot 5H_2O$	248.17
MgC_2O_4	112.33	$(NH_4)_2SO_4$	132.13	$NiCl_2 \cdot 6H_2O$	237.70
$Mg(NO_3)_2 \cdot 6H_2O$	256.41	NH_4VO_3	116.98	NiO	74.69
$MgNH_4PO_4$	137.32	Na_3AsO_3	191.89	$Ni(NO_3)_2 \cdot 6H_2O$	290.79
MgO	40.30	$Na_2B_4O_7$	201.22	NiS	90.76
$Mg(OH)_2$	58.32	$Na_2B_4O_7 \cdot 10H_2O$	381.37	$NiSO_4 \cdot 7H_2O$	280.86
$Mg_2P_2O_7$	222.55	$NaBiO_3$	279.97		
$MgSO_4 \cdot 7H_2O$	246.47	$NaCN$	49.01	P_2O_5	141.95
$MnCO_3$	114.95	$NaSCN$	81.07	$PbCO_3$	267.20
$MnCl_2 \cdot 4H_2O$	197.91	Na_2CO_3	105.99	PbC_2O_4	295.22
$Mn(NO_3)_2 \cdot 6H_2O$	287.04	$Na_2CO_3 \cdot 10H_2O$	286.14	$PbCl_2$	278.10
MnO	70.94	$Na_2C_2O_4$	134.00	$PbCrO_4$	323.19
MnO_2	86.94	CH_3COONa	82.03	$Pb(CH_3COO)_2$	325.30
MnS	87.00	$CH_3COONa \cdot 3H_2O$	136.08	$Pb(CH_3CCOO)_2 \cdot 3H_2O$	379.30
$MnSO_4$	151.00	$NaCl$	58.44	PbI_2	461.00
$MnSO_4 \cdot 4H_2O$	223.06	$NaClO$	74.44	$Pb(NO_3)_2$	331.21
		$NaHCO_3$	84.01	PbO	223.20
NO	30.01	$Na_2HPO_4 \cdot 12H_2O$	358.14	PbO_2	239.20
NO_3	46.01	$NaH_2Y \cdot 2H_2O$	372.24	$Pb_3(PO_4)_2$	811.54
NH_3	17.03	$NaNO_2$	69.00	PbS	239.30
CH_3COONH_4	77.08	$NaNO_3$	85.00	$PbSO_4$	303.30
NH_4Cl	53.49	Na_2O	61.98		
$(NH_4)_2CO_3$	96.09	Na_2O_2	77.98	SO_3	80.06
$(NH_4)_2C_2O_4$	124.10	$NaOH$	40.00	SO_2	64.06
$(NH_4)_2C_2O_4 \cdot H_2O$	142.11	Na_3PO_4	163.94	$SbCl_2$	228.11
NH_4SCN	76.12	Na_2S	78.04	$SbCl_5$	299.02
NH_4HCO_3	79.06	$Na_2S \cdot 9H_2O$	240.18	Sb_2O_3	291.50
$(NH_4)_2MoO_4$	196.01	Na_2SO_3	126.04	Sb_2S_3	339.68
NH_4NO_3	80.04	Na_2SO_4	142.04	SiF_4	104.08

化合物	相对分子质量	化合物	相对分子质量	化合物	相对分子质量
SiO_2	60.08	$SrCrO_4$	203.61	$ZnCl_2$	136.29
$SnCl_2$	189.60	$Sr(NO_3)_2$	211.63	$Zn(CH_3COO)_2$	183.47
$SnCl_2 \cdot 2H_2O$	225.63	$Sr(NO_3)_2 \cdot 4H_2O$	283.69	$Zn(CH_3COO)_2 \cdot 2H_2O$	219.50
$SnCl_4$	260.50	$SrSO_4$	183.68	$Zn(NO_3)_2$	189.39
$SnCl_4 \cdot 5H_2O$	350.58			$Zn(NO_3)_2 \cdot 2H_2O$	297.48
SnO_2	150.69	$UO_2(CH_3COO)_2 \cdot 2H_2O$	424.15	ZnO	81.38
SnS_2	150.75			ZnS	97.44
$SrCO_3$	147.63	$ZnCO_3$	125.39	$ZnSO_4$	161.44
SrC_2O_4	175.64	ZnC_2O_4	153.40	$ZnSO_4 \cdot 7H_2O$	287.54

附表 15　相对原子质量（1981 年国际原子量）

元素	符号	相对原子质量	元素	符号	相对原子质量	元素	符号	相对原子质量
银	Ag	107.868 2	铯	Cs	132.905 4	铱	Ir	192.22
铝	Al	26.981 54	铜	Cu	63.546	钾	K	39.098 3
氩	Ar	39.948	镝	Dy	162.50	氪	Kr	83.80
砷	As	74.921 6	铒	Er	167.26	镧	La	138.905 5
金	Au	196.966 5	铕	Eu	151.96	锂	Li	6.941
硼	B	10.81	氟	F	18.988 403	镥	Lu	174.967
钡	Ba	137.33	铁	Fe	55.847	镁	Mg	24.305
铍	Be	9.012 18	镓	Ga	69.72	锰	Mn	54.938 0
铋	Bi	208.980 4	钆	Gd	157.25	钼	Mo	95.94
溴	Br	79.904	锗	Ge	72.59	氮	N	14.006 7
碳	C	12.011	氢	H	1.007 94	钠	Na	22.989 77
钙	Ca	40.08	氦	He	4.002 60	铌	Nb	92.906 4
镉	Cd	112.41	铪	Hf	178.49	钕	Nd	144.24
铈	Ce	140.12	汞	Hg	200.59	氖	Ne	20.179
氯	Cl	35.453	钬	Ho	164.930 4	镍	Ni	58.69
钴	Co	58.933 2	碘	I	126.904 5	镎	Np	237.048 2
铬	Cr	51.996	铟	In	114.82	氧	O	15.999 4

（续表）

元　素	符　号	相对原子质量	元　素	符　号	相对原子质量	元　素	符　号	相对原子质量
锇	Os	190.2	锑	Sb	121.75	铥	Tm	168.934 2
磷	P	30.973 76	钪	Sc	44.955 9	钛	Ti	47.88
铅	Pb	207.2	硒	Se	78.96	铊	Tl	204.383
钯	Pd	106.42	硅	Si	28.085 5	铀	U	238.028 9
镨	Pr	140.907 7	钐	Sm	150.36	钒	V	50.941 5
铂	Pt	195.08	锡	Sn	118.69	钨	W	183.85
镭	Ra	226.025 4	锶	Sr	87.62	氙	Xe	131.29
铷	Rb	85.467 8	钽	Ta	180.947 9	钇	Y	88.905 9
铼	Re	186.207	铽	Tb	158.925 4	镱	Yb	173.04
铑	Rh	102.905 5	碲	Te	127.60	锌	Zn	65.38
钌	Ru	101.07	钍	Th	232.038 1	锆	Zr	91.22
硫	S	32.06						

附表 16　本书中所使用的量和单位

量的名称	量的符号	单位名称	单位符号	原来名称
质　量	m	千克	kg	
物质的量	n	摩尔	mol	
体　积	V	立方米,升	m^3,L	
元素的相对原子质量	A_r			原子量
物质的相对分子质量	M_r			分子量
摩尔质量	M	克每摩尔	$g \cdot mol^{-1}$	
摩尔体积	V_m	立方米每摩尔	$m^3 \cdot mol^{-1}$	
成分 B 的质量浓度	ρ_B	千克每立方米	$kg \cdot m^{-3}$	
		千克每升	$kg \cdot L^{-1}$	
成分 B 的质量分数	ω_B			百分含量
成分 B 的浓度或成分 B 物质的量浓度	c_B	摩尔每升	$mol \cdot L^{-1}$	摩尔浓度

参考文献

1. 武汉大学主编. 分析化学(第五版). 上册. 北京:高等教育出版社,2006.
2. 徐伟亮. 基础化学实验. 北京:科学出版社,2005.
3. 武汉大学主编. 分析化学实验(第四版). 北京:高等教育出版社,2001.
4. 四川大学化工学院,浙江大学化学系合编. 分析化学实验(第三版). 北京:高等教育出版社,2003.
5. 成都科学技术大学分析化学教研组,浙江大学分析化学教研组编. 分析化学实验. 第二版. 北京:高等教育出版社,1989.
6. 倪静安,高世萍,李运涛等主编. 无机及分析化学实验. 北京:高等教育出版社,2007.
7. 王伯康主编. 新编中级无机化学实验. 南京:南京大学出版社,1998.
8. 华东理工大学化学系,四川大学化工学院编. 分析化学(第五版). 北京:高等教育出版社,2003.
9. 马全红,路春娥,吴敏等编著. 大学化学实验. 南京:东南大学出版社,2003.
10. 孙毓庆主编. 分析化学实验. 北京:科学出版社,2004.
11. 张小玲,张慧敏,邵清龙编著. 分析化学实验. 北京:北京理工大学出版社,2007.
12. 周其镇,方国女,樊行雪编著. 大学基础化学实验. 北京:化学工业出版社,2002.
13. 浙江大学,华东理工大学,四川大学合编. 殷学锋主编. 新编大学化学实验. 北京:高等教育出版社,2002.
14. 庄京,林金明主编. 基础分析化学实验. 北京:高等教育出版社,2007.
15. 草甘膦原药(GB 12686—2004).
16. 城市污水水质检验方法标准(CJ T51—2004).
17. 徐红娣,李光萃主编. 常用电镀溶液的分析(第三版). 北京:机械工业出版社,1993.

图书在版编目(CIP)数据

分析化学实验 / 马全红,吴莹主编. —3 版.
—南京:南京大学出版社,2020.1(2022.12 重印)
ISBN 978 - 7 - 305 - 22742 - 4

Ⅰ.①分… Ⅱ.①马… ②吴… Ⅲ.①分析化学—化
学实验—高等学校—教材 Ⅳ.①O652.1

中国版本图书馆 CIP 数据核字(2019)第 284210 号

出版发行 南京大学出版社
社　　址　南京市汉口路 22 号　　　邮　编　210093
出版人　金鑫荣

书　　名　分析化学实验(第三版)
总 主 编　孙尔康　张剑荣
主　　编　马全红　吴　莹
责任编辑　刘　飞　　　　　　　编辑热线　025 - 83592146
照　　排　南京开卷文化传媒有限公司
印　　刷　南京人民印刷厂有限责任公司
开　　本　787×1 092　1/16　印张 11　字数 280 千
版　　次　2020 年 1 月第 3 版　2022 年 12 月第 4 次印刷
ISBN 978 - 7 - 305 - 22742 - 4
定　　价　29.00 元

网　　址:http://www.njupco.com
官方微博:http://weibo.com/njupco
微信服务号:njuyuexue
销售咨询热线:(025)83594756